U0268475

机械工程制图

主　编　姜　毅　周　烨　陈　晖
副主编　邹金红　温金龙　刘登邦
参　编　张雪莲　杜丘美　胡文华

北京理工大学出版社
BEIJING INSTITUTE OF TECHNOLOGY PRESS

内 容 简 介

本书共 8 章，包括制图标准及绘图方法、投影基础、组合体、轴测图、标准件与常用件、零件图、装配图、计算机绘图基本知识。

本书可作为普通高等院校机械类、近机类各专业"机械制图"课程的教材，也可供学时数相近的其他相关专业选用。

版权专有　侵权必究

图书在版编目（CIP）数据

机械工程制图 / 姜毅，周烨，陈晖主编. --北京：北京理工大学出版社，2022.9

ISBN 978-7-5763-1743-5

Ⅰ. ①机… Ⅱ. ①姜… ②周… ③陈… Ⅲ. ①机械制图-高等学校-教材 Ⅳ. ①TH126

中国版本图书馆 CIP 数据核字（2022）第 182469 号

出版发行 / 北京理工大学出版社有限责任公司

社　　址 / 北京市海淀区中关村南大街 5 号

邮　　编 / 100081

电　　话 / （010）68914775（总编室）

　　　　　（010）82562903（教材售后服务热线）

　　　　　（010）68944723（其他图书服务热线）

网　　址 / http：//www.bitpress.com.cn

经　　销 / 全国各地新华书店

印　　刷 / 唐山富达印务有限公司

开　　本 / 787 毫米×1092 毫米　1/16

印　　张 / 12.25　　　　　　　　　　　　责任编辑 / 江　立

字　　数 / 287 千字　　　　　　　　　　　文案编辑 / 李　硕

版　　次 / 2022 年 9 月第 1 版　2022 年 9 月第 1 次印刷　　　责任校对 / 刘亚男

定　　价 / 68.00 元　　　　　　　　　　　责任印制 / 李志强

前　言

工程制图作为制造业工程师最常用的、必备的基本技术，被称为是"工程师的语言"，是工程师们日常设计和交流的主要工具。随着信息化技术在现代制造业的普及和发展，三维造型技术也变成了制造业工程师们的必备技能，但该技术的掌握仍然离不开识读与绘制工程图，因此工程制图始终占据着各高等院校机械类及相关专业的必修基础课程的重要位置。

本书参考多年来的高校教学与教改经验，并结合工程实际对机械图样的绘制与识读需求编写而成。本书内容由浅入深、循序渐进，重点培养读者阅读和绘制工程图样的方法与技巧，提高读者工程形体构型设计与表达能力、创新意识与工程素质。

本书具有以下特点：

(1)采用最新颁布的《机械制图》与《技术制图》等有关国家标准，以培养读者使用最新国家标准的意识；

(2)基础知识全面覆盖，包括制图基础、识图技巧、常用机械图样等；采用大量工程实例，针对具体零件进行识图与绘图练习，注重工程绘图的实用性。

本书由姜毅编写第 1 章、第 6 章，周烨编写第 4 章，陈晖编写第 5 章，邹金红、温金龙、刘登邦共同编写了第 2 章、第 3 章，张雪莲、杜丘美、胡文华共同编写了第 7 章、第 8 章。本书在编写过程中参阅了相关文献资料，在此，谨向其作者深表谢意。

限于水平，书中难免存在不当之处，恳请各位读者批评指正。

编　者

目 录

第1章
制图标准及绘图方法

本章要点 ▶▶ ▶

- 了解机械制图的基本规定
- 正确合理使用常用的绘图仪器与工具
- 掌握几何作图方法
- 掌握平面图形的绘制方法与步骤

本章说明 ▶▶ ▶

机械图样是设计和制造机械的重要技术文件，是交流技术思想的一种工程语言。因此，在绘制图样时必须严格遵守有关的国家标准和技术标准。本章简要介绍国家标准《技术制图》《机械制图》中的图幅、比例、字体、图线和尺寸标注等有关规定，以及一般绘图工具和仪器的使用方法、作图的一般步骤等。

1.1 国家标准有关制图的基本规定

为了便于技术交流、档案保存和各种出版物的发行，使制图规格和方法统一，国家质量技术监督局颁布了一系列有关制图的国家标准。在绘制技术图样时，必须掌握和遵守有关规定，如图幅、比例、字体、图线、尺寸注法等，这些均属于基本规定。

1.1.1 图纸的幅面和格式（GB/T 14689—2008）

1. 幅面

图纸幅面是指绘制图样所采用的图纸规格。绘制图样时，应优先采用表1-1中规定的图纸基本幅面。

表 1-1 图纸基本幅面   mm

幅面代号	A0	A1	A2	A3	A4
$B \times L$	841×1 189	594×841	420×594	297×420	210×297
a	25				
c	10			5	
e	20			10	

基本幅面图纸中，A0 图纸的面积为 1 m²，长边是短边的 $\sqrt{2}$ 倍，A1 图纸的面积是 A0 的一半，A2 图纸的面积是 A1 的一半，其余以此类推。必要时，图纸幅面的尺寸允许加长，但须按基本幅面的短边整数倍加长，如图 1-1 所示。图中粗实线部分为基本幅面，为第一选择；细实线部分为加长幅面，为第二选择；虚线部分为第三选择。加长后幅面代号表示为：基本幅面代号×倍数。如 A2×3，表示将 A2 图幅短边 420 加长为原来的 3 倍，即 594×1 260。

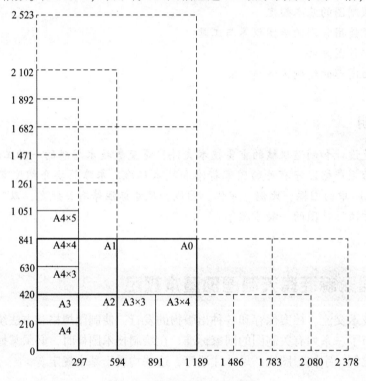

图 1-1 基本幅面与加长幅面

2. 图框格式

在图纸上必须用粗实线绘制出图框。图框有两种格式：留有装订边和不留装订边。同一产品的所有图样只能采用一种格式。

留有装订边的图纸，图框格式如图 1-2 所示，尺寸按表 1-1 的规定画出。

不留装订边的图纸，图框格式如图 1-3 所示，尺寸按表 1-1 的规定画出。

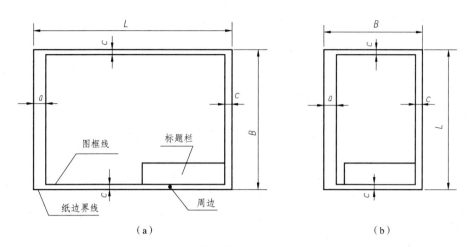

图1-2 留有装订边的图框格式

（a）X型；（b）Y型

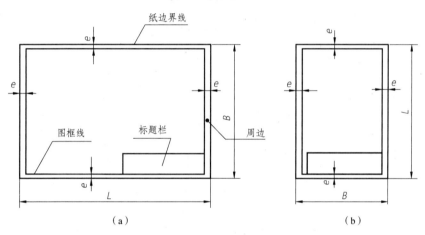

图1-3 不留装订边的图框格式

（a）X型；（b）Y型

1.1.2 标题栏（GB 10609.1—2008）

为了便于图样的管理及查阅，每张图必须有标题栏。标题栏通常位于图框的右下角，看图的方向应与标题栏的方向一致。如果标题栏的长边水平且与图纸长边平行，则为 X 型图纸；如果标题栏长边垂直于图纸长边，则为 Y 型图纸。标题栏格式如图1-4所示，推荐使用第一种格式。

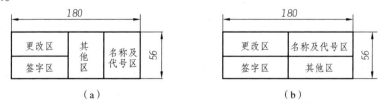

图1-4 标题栏格式

（a）第一种格式；（b）第二种格式

第一种标题栏的格式、分栏及各部分尺寸如图1-5所示。

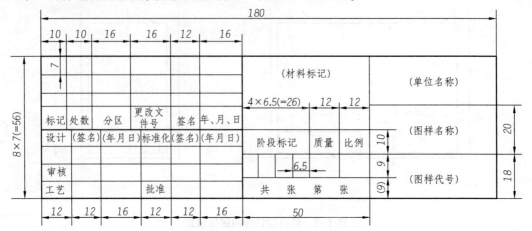

图1-5 第一种标题栏的格式、分栏及各部分尺寸

为了简便，在制图作业练习中，可采用图1-6所示的标题栏格式。

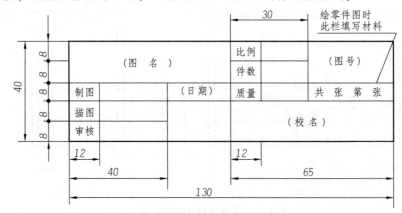

图1-6 简便的标题栏格式

1.1.3 比例（GB/T 14690—1993）

图样的比例是图中图形与其实物相应要素的线性尺寸之比。比例分为以下三种。

（1）原值比例：比值为1的比例，即1:1。

（2）放大比例：比值大于1的比例，如2:1等。

（3）缩小比例：比值小于1的比例，如1:2等。

不论放大或缩小，在图上标注的尺寸均为机件的实际大小，而与图样比例无关，如图1-7所示。

比例一般应注写在标题栏的比例栏内。在绘制图样时应从表1-2规定的标准比例中选取适当的比例。

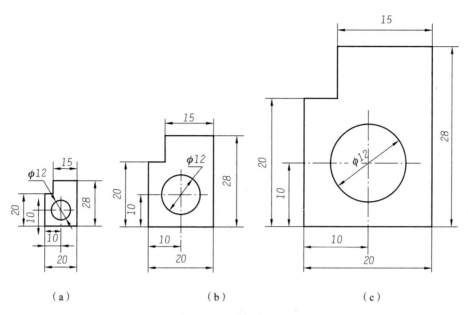

图1-7　图形比例与尺寸的关系

（a）1:2；（b）1:1；（c）2:1

表1-2　标准比例

种类	比例	
	优先选取	允许选取
原值比例	1:1	
放大比例	5:1　2:1 $1 \times 10^n:1$　$2 \times 10^n:1$　$5 \times 10^n:1$	4:1　2.5:1 $4 \times 10^n:1$　$2.5 \times 10^n:1$
缩小比例	1:2　1:5　1:10 $1:2 \times 10^n$　$1:5 \times 10^n$　$1:1 \times 10^n$	1:1.5　1:2.5　1:3　1:4　1:6 $1:1.5 \times 10^n$　$1:2.5 \times 10^n$　$1:3 \times 10^n$　$1:4 \times 10^n$ $1:6 \times 10^n$

1.1.4　字体（GB/T 14691—1993）

在图样中书写汉字、字母、数字时必须做到：字体工整、笔画清楚、间隔均匀、排列整齐。

字体高度 h 的公称尺寸系列为：1.8 mm，2.5 mm，3.5 mm，5 mm，7 mm，10 mm，14 mm，20 mm。如需书写更大的字，其字体高度应按 $\sqrt{2}$ 的比率递增。字体号数代表字体的高度。

1. 汉字

（1）汉字应写成长仿宋体，并采用国家正式推广的简化字，如图1-8所示。

（2）汉字字高 h 不应小于3.5 mm，字宽一般为 $h/\sqrt{2}$。

10号字

字体工整　笔画清楚　间隔均匀　排列整齐

7号字

横平竖直　注意起落　结构均匀　填满方格

5号字

技术制图机械电子汽车航空船舶土木建筑未注铸造圆角其余技术要求两端材料

图1-8　长仿宋体汉字示例

2. 字母和数字

（1）字母和数字分 A 型和 B 型。B 型的笔画宽度比 A 型宽。我国采用 B 型，如图 1-9 所示。同一图样上，只允许选用一种型式的字体。

（2）字母和数字可写成斜体或直体。斜体字字头向右倾斜，与水平基准线成 75°。图样上一般采用斜体字。

（3）用作指数、分数、极限偏差、注脚等的数字及字母，一般应采用小一号的字体。

B型大写斜体

ABCDEFGHIJKLMNO

PQRSTUVWXYZ

B型小写斜体

a bcdefghijklmnopq

rstuvwxyz

B型斜体

0123456789

B型直体

0123456789

图1-9　字母和数字示例

1.1.5　图线（GB/T 4457.4—2002、GB/T 17450—1998）

为了使图样清晰和便于看图，国家标准《技术制图》规定了绘图时应用的 15 种基本线型。基本图线适用于各种技术图样，各技术领域也有各自的图线应用规定。用于机械图样中的图线及应用举例如表 1-3 所示。

图线宽度 b 应按图样的类型和尺寸大小选用，有：0.13 mm，0.18 mm，0.25 mm，0.35 mm，0.5 mm，0.7 mm，1 mm，1.4 mm，2 mm。图线宽度分为粗线、中粗线和细线，其宽度比为 4∶2∶1。粗实线的宽度应根据图形的大小和复杂程度，在 0.5～2 mm 之间选取，一般取 0.7 mm。

表1-3　图线及应用举例

图线名称	图线型式及代号	图线宽度	应用举例
粗实线	———————— A	b	A1 可见轮廓线
细实线	———————— B	约 $b/3$	B1 尺寸线及尺寸界线 B2 剖面线 B3 重合断面的轮廓线
波浪线	∼∼∼∼∼∼∼∼ C	约 $b/3$	C1 断裂处的边界线 C2 视图和剖视图的分界线
双折线	≈3∼5 15 30° D	约 $b/3$	D1 断裂处的边界线
虚线	1 4 ———— F	约 $b/3$	F1 不可见轮廓线
细点画线	15 3 ———— G	约 $b/3$	G1 轴线 G2 对称中心线 G3 轨迹线
粗点画线	———·———·—— J	b	J1 有特殊要求的线或表面的表示线
细双点画线	15 3 ———— K	约 $b/3$	K1 相邻辅助零件的轮廓线 K2 极限位置的轮廓线

图1-10为常用图线应用举例。

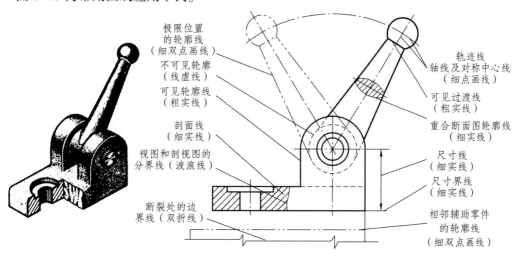

极限位置的轮廓线（细双点画线）
不可见轮廓线（虚线）
可见轮廓线（粗实线）
剖面线（细实线）
视图和剖视图的分界线（波浪线）
断裂处的边界线（双折线）
轨迹线 轴线及对称中心线（细点画线）
可见过渡线（粗实线）
重合断面图轮廓线（细实线）
尺寸线（细实线）
尺寸界线（细实线）
相邻辅助零件的轮廓线（细双点画线）

图1-10　常用图线应用举例

在绘制图样时，应该注意以下内容。

（1）同一图样中同类图线的宽度应基本一致。虚线、细点画线及细双点画线的线段长度和间隔应各自大致相同。

（2）两条平行线（包括剖面线）之间的距离应不小于粗实线的两倍宽度，其最小距离不得小于0.7 mm。

（3）绘制圆的对称中心线时，圆心应为线段的交点。细点画线、细双点画线的首末两端应是画线而不是点，且超出图形的轮廓线 3～5 mm。当图形较小时，绘制细点画线或细双点画线有困难时，可以用细实线代替。如图 1-11 所示为中心线的画法。

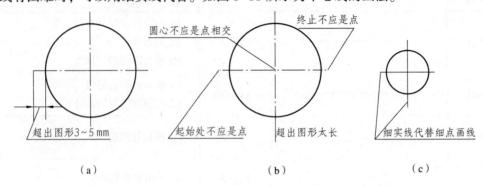

图 1-11　中心线的画法

（a）正确；（b）错误；（c）正确

（4）虚线与虚线相交或虚线与其他线相交，应以线段相交，不得留有空隙。当虚线处在粗实线的延长线上时，粗实线应画到分界点而虚线应留有空隙。当虚线圆弧与虚线直线相切时，虚线圆弧应画到切点，而虚线直线应留有空隙。如图 1-12 所示为相交、相切线的画法。

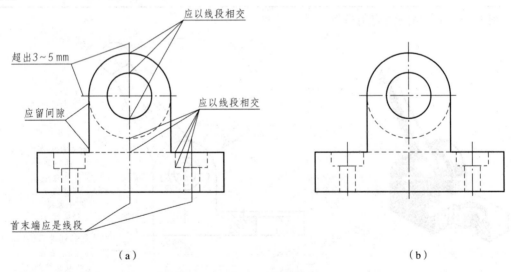

图 1-12　相交、相切线的画法

（a）正确；（b）错误

1.1.6　尺寸注法（GB/T 4458.4—2003、GB/T 16675.2—2012）

在图样上，不仅要表达物体的形状，还应标注尺寸，表示物体各部分大小及相互位置关系。

1. 基本规则

（1）机件的真实大小应以图样上所注的尺寸数值为依据，与图形的大小及绘图的准确度无关。

（2）图样中（包括技术要求和其他说明）的尺寸，以 mm 为单位时，不需标注计量单位的代号或名称；如采用其他单位，则必须注明相应的计量单位的代号或名称。

（3）图样中所标注的尺寸为该图样所示机件的最后完工尺寸，否则应另加说明。

（4）机件的每一尺寸一般只标注一次，并应标注在反映该结构最清晰的图形上。

2. 尺寸的组成

一个完整的尺寸由尺寸界线、尺寸线和尺寸数字组成，如图 1-13 所示。

1）尺寸界线

尺寸界线表示尺寸的度量范围，一般用细实线绘出，并应由图形的轮廓线、轴线或对称中心线引出，也可用轮廓线、轴线或对称中心线作尺寸界线。

尺寸界线一般应与尺寸线垂直，并同各超过尺寸线（3～4 mm），必要时允许倾斜，但两尺寸界线必须互相平行，如图 1-14 所示。

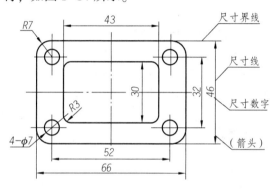

图 1-13 尺寸的组成

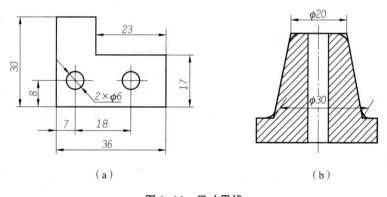

（a） （b）

图 1-14 尺寸界线

（a）示例一；（b）示例二

2）尺寸线

尺寸线表示所注尺寸的度量方向和长度，用细实线单独绘出，不能由其他线代替或重合，也不能画在其他线的延长线上。标注线性尺寸时，尺寸线应与所注尺寸部位的轮廓线（或尺寸方向）平行，且尺寸线之间不应相交。尺寸线与轮廓线相距 5～10 mm。互相平行的尺寸线，小尺寸在里，大尺寸在外，依次排列整齐，如图 1-15 所示。

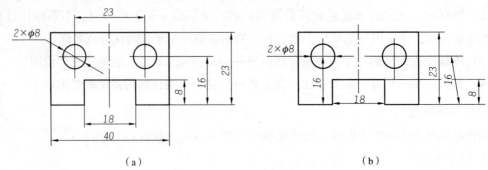

（a）　　　　　　　　　　　　　（b）

图 1-15　尺寸线的正误对比
（a）正确；（b）错误

尺寸线终端有两种形式。

（1）箭头。箭头的形式如图 1-16（a）所示，适用于各种类型的图样。

当尺寸线太短没有够的位置画箭头时，允许将箭头画在尺寸线外边；尺寸线终端采用箭头形式时，标准连续的小尺寸可用圆点代替箭头。

（2）斜线。斜线用细实线绘制，其方向、画法如图 1-16（b）所示。

当尺寸线终端采用斜线形式时，尺寸线与尺寸界线必须相互垂直。

同一张图样中，除圆、圆弧、角度外，应采用一种尺寸线终端形式。

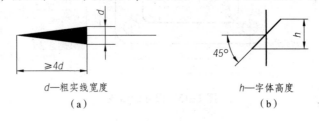

d—粗实线宽度　　　　　　　h—字体高度
（a）　　　　　　　　　　　（b）

图 1-16　尺寸线终端
（a）箭头；（b）斜线

3）尺寸数字

尺寸数字表示尺寸的大小。线性尺寸的注写一般应按图 1-17（a）所示的方向注写，并尽可避免在图示 30°范围内标注尺寸，无法避免时，可按图 1-17（b）所示的形式标注。同一张图样中应采用一种注定方式，尺寸数字不能被任何图线通过；当不可避免时，必须将图线断开，图 1-17（c）所示。

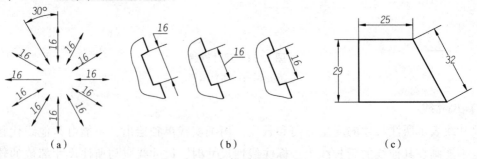

（a）　　　　　　　　　　（b）　　　　　　　　　　（c）

图 1-17　尺寸数字

3. 常见尺寸的注法

1）圆的尺寸标注

标注圆的直径时或大于半圆的圆弧尺寸时，应在尺寸数字前加注符号"φ"，表示这个尺寸的值是直径值，并按图1-18所示方法进行标注。

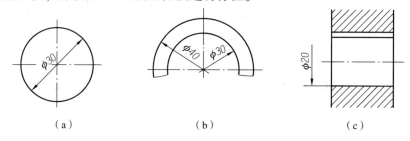

（a）　　　　　　　　（b）　　　　　　　　（c）

图1-18　圆的尺寸标注

2）圆弧的尺寸标注

（1）圆弧的半径：标注圆弧的半径时，应在尺寸数字前加注符号"R"，并按图1-19（a）、（b）、（c）所示方法标出。

当圆弧的半径过大或在图纸范围内无法标注出圆心位置时，可将圆心移在近处画出，半径的尺寸画成折线，如图1-19（d）所示。如果圆心不需画出，则按图1-19（e）所示方法进行标注。

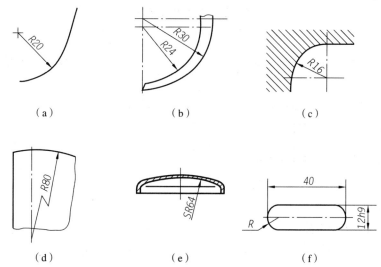

（a）　　　　　　　　（b）　　　　　　　　（c）

（d）　　　　　　　　（e）　　　　　　　　（f）

图1-19　圆弧的尺寸标注

如果半径尺寸是由其他尺寸确定，应用尺寸线和符号"R"标出，但不要注写尺寸数字，如图1-19（f）所示。

（2）圆弧的长度：标注弧长时，应在尺寸数字上方加注符号"⌒"，弧长的尺寸界线应平行于该弦的垂直平分线，当弧度较大时，可沿径向引出，如图1-20所示。

3）角度的标注

标注角度的尺寸界线应沿径向引出。尺寸线是以角度顶点为圆心的圆弧线。角度的数字一律写成水平方向，一般写在尺寸线的中间位置，必要时允许在外面或引出标注，如

图 1-21 所示。

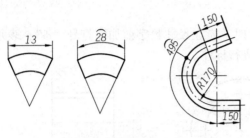

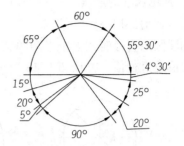

图 1-20　弧长的尺寸标注　　　　　　　　　图 1-21　角度的标注

4）球的尺寸标注

标注球面的直径或半径时，应在符号"ϕ"或"R"前再加注符号"S"，如图 1-22（a）所示。

在不致误解时，如螺钉、铆钉等的头部，可省略"S"，如图 1-22（b）所示。

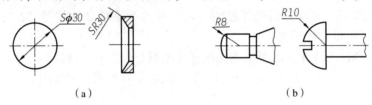

（a）　　　　　　　　　　　　　　　　　（b）

图 1-22　球的尺寸标注

5）小尺寸的尺寸标注

在进行小尺寸的尺寸标注时，如没有足够的位置画箭头或注写数字，可按图 1-23 的形式标注。

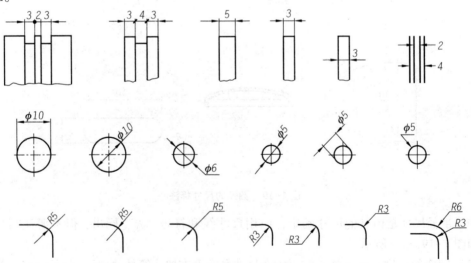

图 1-23　小尺寸的尺寸注法

6）对称图形的尺寸标注

对称零件的图形如只画出一半或大于一半，尺寸线应能超过对称中心线或断裂处的边界线，此时仅在尺寸线的一端画出箭头，如图 1-24 所示。

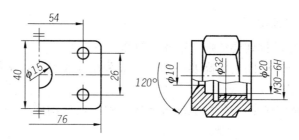

图1-24 对称图形的尺寸标注

7）光滑过渡处的尺寸标注

在光滑过渡处标注尺寸时，必须用细实线将轮廓线延长，从它们的交点处引尺寸界线，如图1-25所示。

8）正方形的尺寸标注

标注正方形的尺寸，在尺寸数字前加注符号"□"或以"$B \times B$"的形式注出，如图1-26所示。

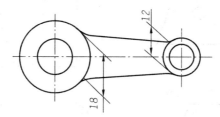

图1-25 光滑过渡处的尺寸标注

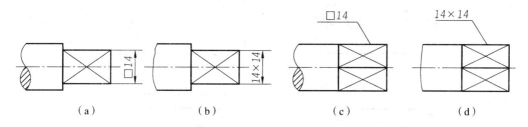

（a）　　　　　（b）　　　　　（c）　　　　　（d）

图1-26 正方形的尺寸标注

标注尺寸时，根据GB/T 16675.2—2012的规定，应尽可能使用符号和缩写词。常用的符号和缩写词见表1-4。

表1-4 常用的符号和缩写词

名称	符号或缩写词	名称	符号或缩写词
直径	ϕ	45°倒角	C
半径	R	深度	▼
球直径	$S\phi$	沉孔或锪平	⊔
球半径	SR	埋头孔	∨
厚度	t	均布	EQS
正方形	□		

4. 尺寸标注的注意事项

（1）尺寸在图样中的排列要清晰、整齐、匀称。

（2）尺寸数字在同一张图上字高要一致，一般采用 3.5 号字；字符间隔要均匀；字体格式应严格按国标规定书写。

（3）尺寸线终端箭头在同一张图上的大小应一致，机械图样中尺寸线箭头应是闭合的实心箭头。

（4）相互平行的尺寸线间距应相等，尽量避免尺寸线相交。

5. 尺寸标注举例

以图 1-27 为例说明尺寸的标注过程。

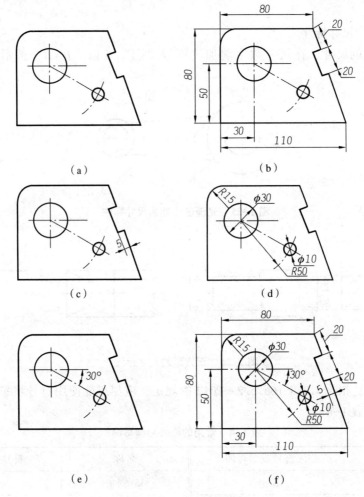

图 1-27　尺寸标注举例

（a）未标注尺寸；（b）标线性尺寸；（c）标狭小尺寸；（d）标半径、直径尺寸；

（e）标角度尺寸；（f）完整尺寸标注结果

1.2　手工绘图工具和仪器的使用

要想快速准确地绘图，必须正确熟练地使用绘图工具和仪器。常用的绘图工具和仪器有图板、丁字尺、三角板、比例尺、分规、圆规等，如图1-28所示。

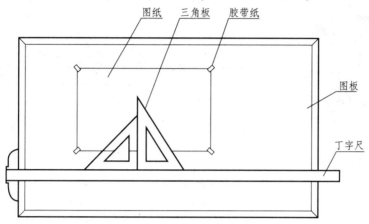

图1-28　绘图的主要工具

1.2.1　图板、丁字尺、三角板

1. 图板

图板是用来铺放和固定图纸的，所以图板的表面须平整光洁，其左侧边为导向边，必须平直。常用的图板按其大小分为0号、1号、2号等规格，根据需要选用。

2. 丁字尺

丁字尺由尺头和尺身组成，尺头的内侧边和尺身的上边为工作边。使用时必须使尺头的内侧边紧贴图板左侧导向边，上下移动丁字尺，沿尺身工作边自左向右画不同位置的水平线，如图1-29所示。丁字尺用完后应挂在干燥的地方，防止翘曲变形。

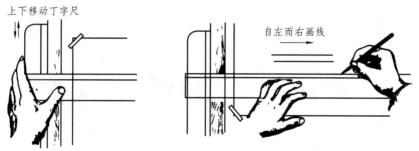

图1-29　用丁字尺画水平线

3. 三角板

三角板一般由有机玻璃制成,两块组成一幅。其中一块为45°等腰直角三角形,另一块是30°、60°直角三角形。三角板主要与丁字尺配合使用,画垂线和斜线,如图1-30所示。画垂直线时应自下而上画出。

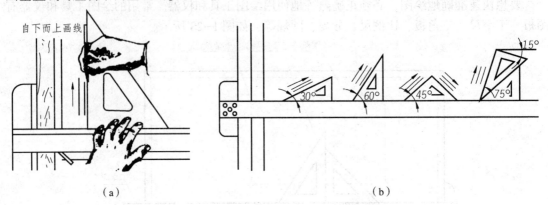

（a） （b）

图1-30 用丁字尺与三角板画垂线和斜线

（a）画垂线；（b）画斜线

1.2.2 铅笔

常用绘图铅笔有木杆和活动铅笔两种。铅芯的软硬程度分别以字母B、H前的数值来表示。B前数字越大表示铅芯越软,H前的数字越大表示铅芯越硬。标号HB表示铅芯软硬适中。

画图时,一般需要准备以下几种铅笔:

H或2H铅笔——画底稿;

B或HB铅笔——加深粗实线;

HB铅笔——写字。

圆规用的铅芯应比铅笔软一级,即画粗实线圆用2B或B铅芯,画细线圆用HB或H铅芯。

铅笔可削磨成圆锥形或矩形。圆锥形铅芯的铅笔用于画细线及书写文字,矩形铅芯的铅笔用于描深粗实线。修磨铅笔的方法如图1-31所示。

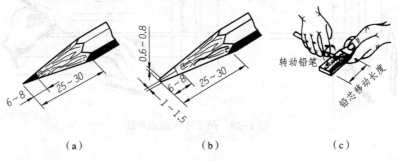

（a） （b） （c）

图1-31 修磨铅笔的方法

（a）圆锥形头部；（b）矩形头部；（c）磨铅芯

1.2.3 圆规和分规

圆规是画圆和圆弧的工具。圆规的一脚上装有带台阶的小钢针，称为针脚，用来定圆心，并防止针孔扩大；另一只脚上可安装铅芯，称为笔脚，用来作图线。笔脚有活动关节并可换脚，可替换使用铅笔芯、鸭嘴笔尖（上墨用）、延长杆（画大圆用）和钢针（当分规用）。常用的圆规有大圆规、弹簧规和点圆规。常用的圆规及圆规的使用方法如图1-32、图1-33所示。

分规是用来等分线段或量取尺寸的工具。分规使用前应首先把两脚的钢针调齐，即两脚合拢时两针应合成一点，如图1-34所示。

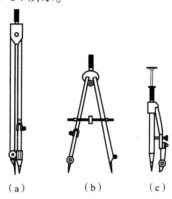

（a） （b） （c）

图1-32 常用的圆规

（a）大圆规；（b）弹簧规；（c）点圆规

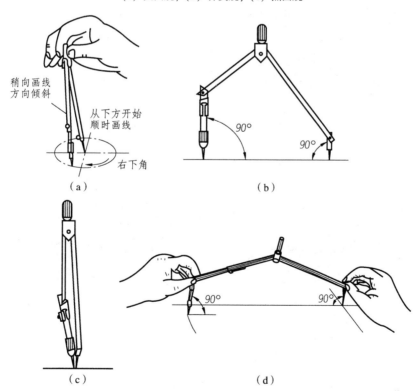

稍向画线方向倾斜

从下方开始顺时画线

右下角

（a）

90° 90°

（b）

（c）

90° 90°

（d）

图1-33 圆规的使用方法

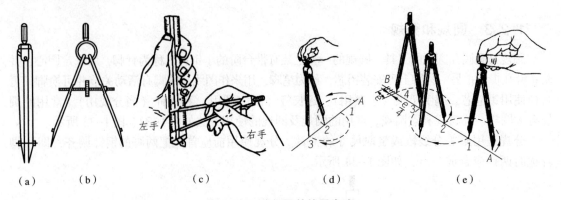

图1-34　分规及其使用方法

（a）普通分规；（b）弹簧分规；（c）用分规量取尺寸；（d）用分规截取等距离；（e）用分规等分线段

1.2.4　其他常用绘图工具

在工程制图中常用的绘图工具还有：比例尺、曲线板、鸭嘴笔、针管笔和模板等。

比例尺是用来量取不同比例尺寸的工具，其形状通常为三棱柱体，棱面上刻有六种不同比例的刻度尺寸，如1∶100、1∶200等，供绘图时选用。

曲线板是用来绘制非圆曲线的。首先要定出曲线上足够数量的点，再用铅笔徒手光滑连接各点，然后选择曲线板上与所画曲线相吻合的部分逐步描深。注意应留出各段曲线末端的一小段不画，用于连接下一段曲线，使曲线圆滑。曲线板及其使用如图1-35所示。

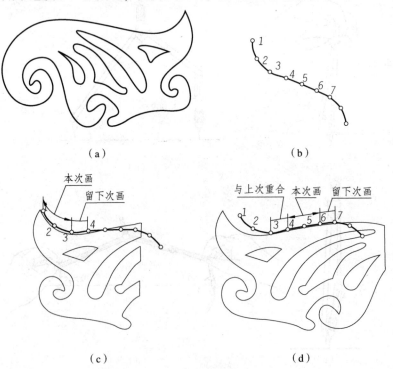

图1-35　曲线板及其使用

鸭嘴笔和针管笔都是用来描图的专用工具。

为了提高绘图速度，可使用各种功能的绘图模板直接画图形。有适合绘制各种专用图样的模板，如六角螺栓模板、椭圆模板等。

1.3 几何作图

几何作图就是依据给定条件，准确绘出预定的几何图形。下面介绍几种常见的几何作图方法。

1.3.1 任意等分线段

将已知线段 AB 三等分的作法如图 1-36 所示。

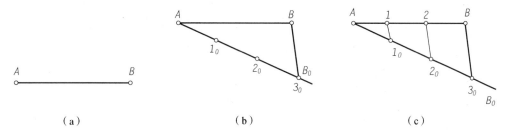

（a） （b） （c）

图 1-36 三等分线段

（a）已知线段 AB；（b）过点 A 作任意直线 AB_0，任取适当长度在 AB_0 上截取 $A1_0 = 1_0 2_0 = 2_0 3_0$，并连 $B3_0$；

（c）过 1_0、2_0 作 $B3_0$ 的平行线，与 AB 相交，即得分点 1、2

1.3.2 等分圆周

1. 四、八等分圆周

（1）四等分圆周，如图 1-37 所示。

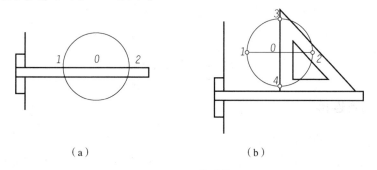

（a） （b）

图 1-37 四等分圆周

（2）八等分圆周，如图 1-38 所示。

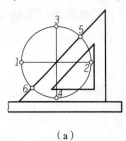 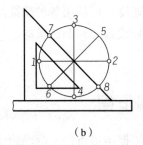

（a）   （b）

图 1-38　八等分圆周

2. 三、六、十二等分圆周

（1）用圆规等分圆周，如图 1-39 所示。

（2）用丁字尺、三角板等分圆周，如图 1-40 所示。

 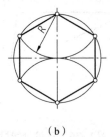 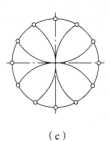

（a）   （b）   （c）

图 1-39　用圆规等分圆周

（a）三等分；（b）六等分；（c）十二等分

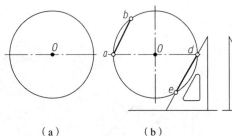 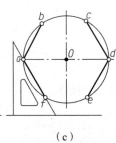 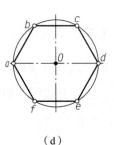

（a）   （b）   （c）   （d）

图 1-40　用丁字尺、三角板等分圆周

▶▶ 1.3.3　圆弧连接

圆弧连接是用一已知半径的圆弧，光滑地连接相邻的两已知直线或圆弧（即相切）的作图方法。圆弧连接时，要达到光滑连接的目的，必须使连接圆弧与相邻线段相切，因此作图的关键是准确地求出连接圆弧的圆心和连接点（切点）。

（1）两直线的圆弧连接，如图 1-41 所示。

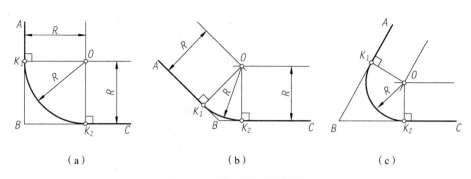

（a） （b） （c）

图1-41 两直线的圆弧连接

（a）成直角时；（b）成钝角时；（c）成锐角时

（2）直线与圆弧间的圆弧连接，如图1-42所示。

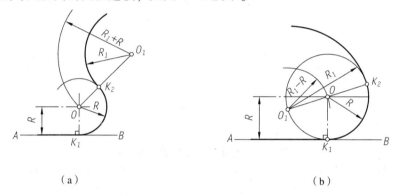

（a） （b）

图1-42 直线与圆弧间的圆弧连接

（a）外切；（b）内切

（3）两圆弧间的圆弧连接，如图1-43所示。

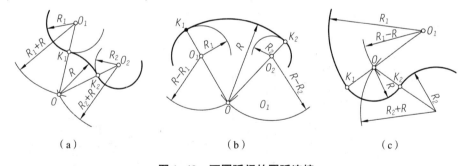

（a） （b） （c）

图1-43 两圆弧间的圆弧连接

（a）外切；（b）内切；（c）内、外切

1.3.4 斜度和锥度

1. 斜度

斜度指一直线（或平面）相对于另一直线（或平面）的倾斜程度，其大小用它们之间夹角的正切值表示，并将此值化成$1:n$的形式，如图1-44所示。

$$斜度 = \tan \alpha = \frac{CA}{AB} = \frac{H}{L}$$

$$斜度 = \frac{H - h}{L}$$

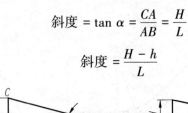

图 1-44　斜度

斜度画法可根据互相平行的直线斜度相同的原理作图。斜度在标注时，符号方向与斜度方向一致。楔形铁斜度的画法及标注如图 1-45 所示。

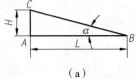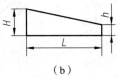

图 1-45　楔形铁斜度的画法及标注

（a）斜度的标注；（b）在 AB 上取 5 个单位长得 D，在 BC 上取 1 个单位长得 E，连 DE 得 1：5 斜度线；

（c）按尺寸定出点 F，过点 F 作 DE 的平行线，完成作图

2. 锥度

锥度指正圆锥体的底圆直径与其高度之比。如果是圆锥台，则为上、下底圆直径差与其高度之比。锥度的定义及符号如图 1-46 所示。

$$锥度 = \frac{D - d}{l} = \frac{D}{L} = 2\tan\frac{\alpha}{2}$$

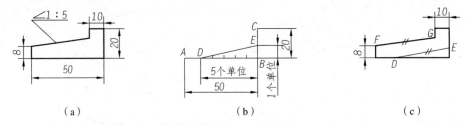

图 1-46　锥度的定义及符号

锥度是根据平行线原理画出的，标注锥度时，也以 1：n 的形式表示，并在前面加符号"◁"。锥度的画法及标注如图 1-47 所示。

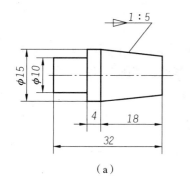 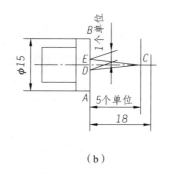 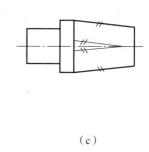

（a） （b） （c）

图1-47 锥度的画法及标注

（a）锥度的标注；

（b）按尺寸画出已知部分，在轴线上取5个单位长，在 *AB* 上取1个单位长，得两条1∶5的锥度线 *CD*、*CE*；

（c）过 *A*、*B* 作 *CD*、*CE* 的平行线，完成作图

1.4 平面图形的分析及画法

平面图形是由各种线段连接而成的，这些线段之间的相对位置和连接关系，靠给定的尺寸来确定。画图时，只有分析尺寸和线段的关系，才能明确从何处着手及按什么顺序作图。

1.4.1 尺寸分析

平面图形中的尺寸，根据所起作用不同，分为定形尺寸和定位尺寸两类。

1. 定形尺寸

确定图形中各线段的形状和大小的尺寸，称为定形尺寸，如圆的直径、圆弧半径、线段长度、角度大小等。图1-48中的 $\phi20$、$\phi5$、$R10$、$R15$、15 等，都是定形尺寸。

2. 定位尺寸

确定图形各线段间相对位置的尺寸，称为定位尺寸。图1-48中的8、45、75都为定位尺寸。

有些尺寸，既是定形尺寸，也可是定位尺寸，如直线尺寸75既是确定手柄长度的定形尺寸，也是间接确定 $R10$ 圆弧圆心的定位尺寸。

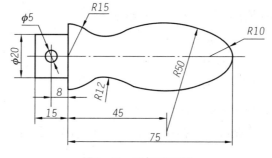

图1-48 手柄平面图

3. 尺寸基准

标注尺寸的起点称尺寸基准。平面图形的尺寸基准有水平和垂直两个方向的尺寸基准。一般以圆或圆弧中心线、对称中心线及图形的底线及边线等为基准，如图1-49所示。

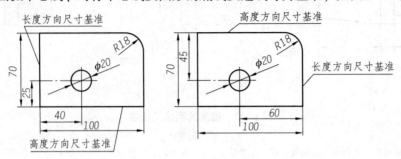

图1-49　尺寸基准

1.4.2　线段分析

平面图形的线段根据其尺寸的完整程度，分为以下三种。

1. 已知线段

已知线段是定形、定位尺寸齐全，能直接画出的线段，如图1-48中 $\phi 5$ 的圆、$R15$ 和 $R10$ 的圆弧等。

2. 中间线段

中间线段是只有定形尺寸和一个定位尺寸的线段，作图时需根据该线段与相邻已知线段的几何关系，通过几何作图的方法确定另一定位尺寸后才能作出，如图1-48中 $R50$ 的圆弧。

3. 连接线段

连接线段是只有定形尺寸没有定位尺寸的线段，其定位尺寸需根据与该线段相邻的两线段的几何关系，通过几何作图的方法求出，如图1-48中 $R12$ 的圆弧。

1.4.3　平面图形的作图步骤

根据上面分析，平面图形的作图步骤可归纳如下：

（1）画出基准线、定位线，如图1-50（a）所示；

（2）画出已知线段，如图1-50（b）所示；

（3）画出中间线段，如图1-50（c）所示；

（4）画出连接线段，如图1-50（d）所示；

（5）检查图线，擦去多余线条，描深，如图1-50（e）所示；

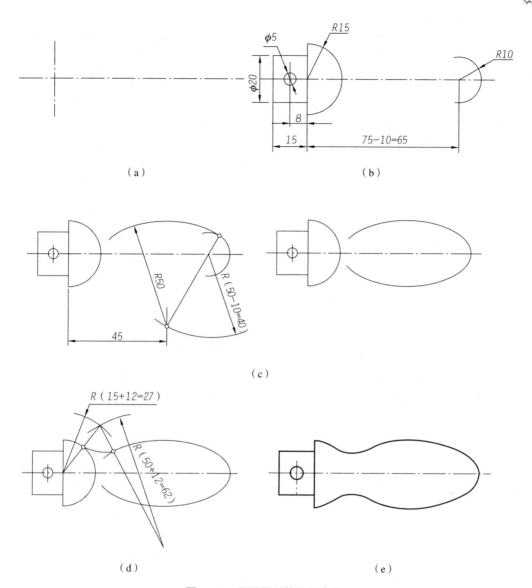

（a）

（b）

（c）

（d）

（e）

图1-50 平面图形的作图步骤

（a）画基准线；（b）画已知线段；（c）画中间线段；（d）画连接线段；（e）检查描深

▶ 1.4.4 平面图形的尺寸标注

标注尺寸时，应对组成图形的各线段进行分析，弄清已知线段、中间线段、连接线段，确定尺寸基准。根据图线不同情况，注出全部定形尺寸和必要的定位尺寸，做到尺寸不重、不漏、清晰。图1-51为常见平面图形的尺寸标注。

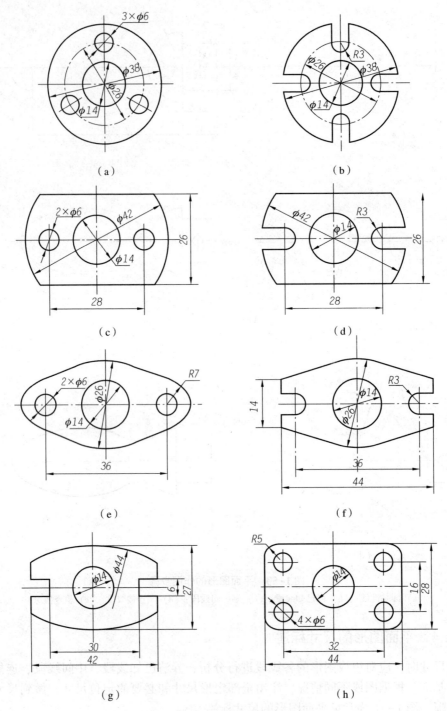

图1-51 常见平面图形的尺寸标注

1.5 绘图的方法和步骤

1.5.1 仪器绘图

1. 绘图前的准备工作

（1）准备工具。

按线型削好铅笔，将图板、丁字尺、三角板等擦拭干净，圆规安装好笔芯等。

（2）确定图幅，固定图纸。

根据图形大小和比例，选取图纸幅面，然后将图纸固定在图板上。

2. 画底稿

（1）画图框和标题栏。

按国家标准要求，画出图框线和标题栏。

（2）布置图形、画图形基准线。

图形布置应尽量匀称、居中，不宜偏置、过挤，并要考虑标注尺寸的位置。画出主要基准线、轴线、中心线和主要轮廓线。

（3）画底稿。

用 H 或 2H 铅笔尽量轻、细、准地绘好底稿。底稿线应分出不同线型，但不必分粗细，一律用细线画出。作图时应先画主要轮廓，再画细节。

3. 描深图线

（1）底稿描深要求。

描深前必须全面检查底稿，把错线、多余线和辅助线擦拭掉。底稿描深要做到：线型正确、粗细分明、连接光滑、图面整洁。

（2）描深顺序。

不同线型，先粗后细；有圆有直，先圆后直；画水平线，先上后下；画垂直线，先左后右；画同心圆，先小后大；最后加深斜线、虚线、细实线、点画线、波浪线等。

（3）描深图框线和标题栏。

4. 标注尺寸，填写标题栏

按照正确格式，标注尺寸并填写标题栏。

5. 全面检查

核查全图，发现错误，立即改正。取下图纸，沿图幅边框裁边。

1.5.2 徒手绘草图

1. 草图的概念

草图是不借助绘图工具，目测图形大小，仅用铅笔手绘的图样。在机器测绘、讨论设计方案、技术交流或现场参观时，由于受条件和时间的限制，常采用手绘草图。

草图不是潦草的图，其除比例一项外其余必须遵守国标规定。画草图要求：图线要稳，图线清晰；目测要准，比例适当；尺寸无误，字体工整。为了便于控制尺寸大小，经常在网格纸上画徒手草图。网格纸不要求固定在图板上，为了作图方便可任意转动或移动。

2. 草图的绘制方法

1）徒手画直线

根据直线的长度先定出起点，然后按水平直线自左向右、铅垂线自上而下画出，眼视终点，小拇指压住纸面，手腕随线移动画到终点，如图 1-52 所示。画倾斜直线时用眼睛估测线的倾斜度，同样根据线段的长度，定出线段的起点自左向右沿倾斜方向轻轻画至终点。

（a）　　　　　　　　　　　　　　　　　（b）

图 1-52　徒手画直线

2）徒手画圆

先画出两条互相垂直的中心线，再过中心点画出与水平线成 45° 斜交线，然后在各线上定出半径长度相同的八个点，过八点画圆，如图 1-53 所示。

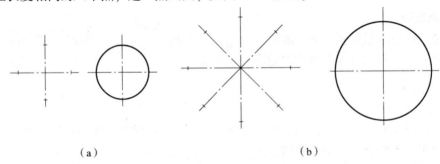

（a）　　　　　　　　　　　　　　　　　（b）

图 1-53　徒手画圆

（a）画小圆；（b）画大圆

🛞 小　结 ▶▶ ▶

1. 本章主要介绍了国家标准《技术制图》《机械制图》中的部分内容：

（1）图纸幅面及格式；

（2）图样的比例；

（3）图线；

（4）尺寸标注。

这些内容在看图和绘图时要多查阅、多参考、多实践。

2. 本章介绍了平面几何图形的作图方法、尺寸分析及尺寸标注。

（1）圆弧连接的作图：

求连接圆弧的中心（圆心）；

找出连接点（切点）；

在两连接点之间画出连接圆弧。

（2）斜度是指一直线（平面）相对另一直线（或平面）的倾斜度。其大小用该直线（或两平面）间夹角的正切值来表示。锥度是指正圆锥体底圆直径与锥高之比。

（3）尺寸分析及线段分析就是分析每个尺寸的作用及尺寸间的关系，从而判断图形能否画出；标准的尺寸是否完全、恰到好处；绘图时，应确定哪些先画，哪些后画。

3. 本章介绍了各种绘图工具、仪器及它们的使用方法。

4. 本章介绍了绘图的方法和步骤。

练习题 ▶▶ ▶

1. 图纸幅面代号有哪几种？其尺寸分别有何规定？各不同幅面代号的图纸的边长之间有何规律？

2. 图样中书写的字体，必须做到哪些要求？

3. 一个完整尺寸，一般应包括几个组成部分？

4. 什么是锥度、斜度？怎样作出已知的斜度和锥度？

5. 圆弧和圆弧连接时，连接点应在什么地方？

6. 圆弧连接中，如何求连接弧的圆心及连接弧与已知弧的切点？

7. 试述平面图形的尺寸分析、线段分析及作图步骤。

8. 自己找一个图形或自行设计一个图形，并注出尺寸。

第2章
投影基础

本章要点 ▶▶ ▶

- 投影法及三视图的形成
- 点的投影
- 直线的投影
- 平面的投影

本章说明 ▶▶ ▶

本章主要使学生了解基本制图标准、制图工具仪器的使用和该课程的学习方法；熟悉投影的基本知识和几何原理，掌握点、线、面、体的图解方法；熟练掌握阅读、绘制工程图样的方法。

2.1 投影法及三视图的形成

点、直线和平面是构成立体的基本几何元素，掌握这些几何元素的正投影规律是作图的基础。

2.1.1 投影法的概念

物体在光线的照射下，就会在地面上投下影子，这就是投影现象。投影法就是将这一现象加以科学抽象而产生的。如图2-1所示，三角形薄板 ABC 在平面 P 之上，然后由光源点 S 照向三角形 ABC，即由点 S 分别通过 A、B、C 各点向下引直线并延长，使之与平面 P 交于 a、b、c 三点，则△abc 就是三角形薄板 ABC 在平面 P 上的投影。点 S 称为投射中心，得到投影的面 P 称为投影面，直线 Aa、Bb、Cc 称为投射线。这种投射线通过物体向选定的平面投射，并在该平面获得图形的方法称为投影法。

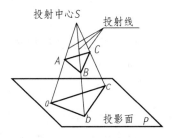

图 2-1 中心投影法

2.1.2 投影法的分类

投影法一般分为中心投影法和平行投影法两种。

1. 中心投影法

投射线汇交于一点的投影法，称为中心投影法。用这种方法所得的投影称为中心投影，如图 2-1 所示，投射线 *Aa*、*Bb*、*Cc* 交于一点 *S*，即光源，投影后物体被放大。

2. 平行投影法

投射线相互平行的投影法，称为平行投影法。在平行投影法中，按投射线是否垂直于投影面又可以分为斜投影法和正投影法。

（1）斜投影法：投射线与投影面相倾斜的平行投影法。根据斜投影法所得的图形，称为斜投影或斜投影图，如图 2-2 所示。

（2）正投影法：投射线与投影面相垂直的平行投影法。根据正投影法所得的图形，称为正投影或正投影图，简称为投影，如图 2-3 所示。

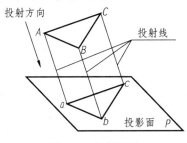

图 2-2 斜投影法

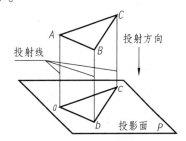

图 2-3 正投影法

在正投影中，由于投影线相互平行并且垂直于投影面，空间平面图形平行于投影面时，其投影反映该平面图形的实际形状和大小，即使改变它与投影面之间的距离，所得投影的形状与大小也不会改变。因此，在机械制图中，主要采用正投影法来表达物体。在以后的讲述中，如无特殊说明，所述投影均指正投影。

2.1.3 正投影的基本性质

1. 真实性

当直线或平面与投影面平行时，则直线的投影反映实长，平面的投影反映实形，这种性质称为真实性，如图 2-4 所示。

2. 积聚性

当直线或平面与投影面垂直时，则直线的投影积聚成一点，平面的投影积聚成一条直线，这种性质称为积聚性，如图2-5所示。

3. 类似性

当直线或平面与投影面倾斜（既不垂直也不平行），则直线的投影长度变短，平面的投影面积变小，但投影的形状与原来的形状相类似，这种性质称为类似性，如图2-6所示。

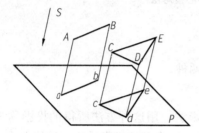

图2-4 正投影的真实性

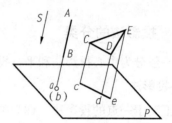

图2-5 正投影的积聚性

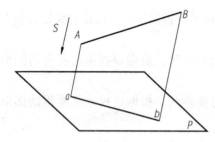

图2-6 正投影的类似性

2.1.4 三视图的形成

将物体放在观察者和投影面之间，将观察者的视线视为一组相互平行并且与投影面垂直的投射线，将物体向选定的投影面投射得到物体的正投影图。这种用正投影法绘制出的物体的图形称为视图。物体是空间的，有长、宽、高三个方向的尺寸，用一个视图不能确定物体的形状和大小，如图2-7所示。在工程上常用三面视图来反映，这就是三视图。

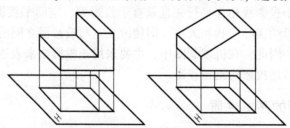

图2-7 单一投影不能确定物体的形状和大小

1. 三投影面体系的建立

三投影面体系由三个互相垂直的投影面所组成，如图2-8所示。观察者正前方的正立投影面，简称为正面或 V 面；平行于地平面的水平投影面，简称为水平面或 H 面；在观察者右侧的侧立投影面，简称为侧面或 W 面。

三个投影面之间的交线称为投影轴。正面 V 与水平面 H 的交线称为 OX 轴，简称为 X 轴，反映物体的长度；正面 V 与侧面 W 之间的交线称为 OZ 轴，简称为 Z 轴，反映物体的高度；侧面 W 与水平面 H 之间的交线称为 OY 轴，简称为 Y 轴，反映物体的宽度。三个轴之间的交点 O 称为原点。

2. 物体在三面投影体系中的投影

将物体放置在三面投影体系中，按正投影法向

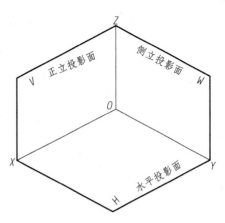

图 2-8 三面投影体系的建立

三个面投射，即可分别得到物体的正面投影、水平投影和侧面投影，如图 2-9（a）所示。

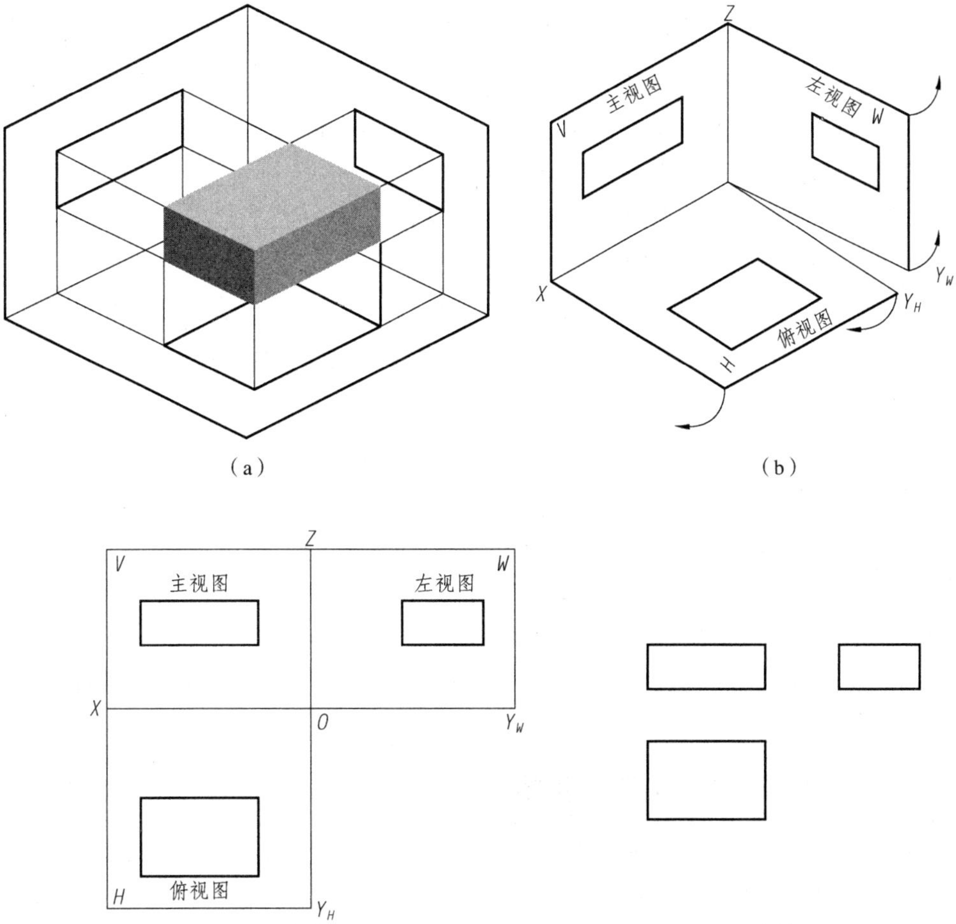

（a）

（b）

（c）

（d）

图 2-9 物体在三面投影体系中的投影

（a）投影；（b）展开；（c）三视图；（d）三视图的相对位置

3. 三投影面的展开与视图的形成

为了绘图的方便，需要将互相垂直的三个投影面放在一个平面上。规定：V 面保持不动，水平面 H 绕 OX 轴向下翻转 90°，侧立面绕 OZ 轴向右翻转 90°，这时，OY 轴被分成两份，在水平面 H 上的用 OY_H 表示，在侧面上的用 OY_W 表示，如图 2-9（b）所示。

物体从前向后在正面 V 上投射所得的投影称为主视图，物体从上向下在水平面 H 上投射所得的投影称为俯视图，物体从左向右在侧面 W 上投射所得的投影称为左视图，如图 2-9（c）所示。

在画视图时，投影面的边框及投影轴不必画出，三视图的相对位置不能变动，即俯视图在主视图的下方，左视图在主视图的右方，如图 2-9（d）所示。

2.1.5 三视图之间的关系

1. 投影关系

以图 2-9 为例，从视图的形成过程可以看出物体的长度、宽度、高度三个尺寸，在每个视图中只能反映其中的两个，主视图反映物体的长度与高度；俯视图反映物体的长度与宽度；左视图反映物体的宽度与高度。由此可以总结出以下特征：

主视图与俯视图都可反映物体的长度——长对正；

俯视图与左视图都可反映物体的宽度——宽相等；

主视图与左视图都可反映物体的高度——高平齐。

即物体三面投影的三等规律为"长对正、宽相等、高平齐"。绘图时，为实现投影的三等规律，可从原点 O 在 OY_H 轴与 OY_W 轴之间作一条 45°辅助线来完成，或用尺量取尺寸。

2. 位置关系

所谓的位置关系是指物体的上、下、左、右、前、后六个方位在视图中的对应关系。从视图的形成可以得知：

主视图——反映物体的上、下与左、右；

俯视图——反映物体的左、右与前、后；

左视图——反映物体的前、后与上、下。

在俯视图与左视图靠近主视图的一边（即里边），均反映物体的后面；远离主视图的一边（即外边），表示物体的前面。

2.1.6 三视图的作图方法与步骤

在根据物体或其轴测图画三视图时，先分析它的结构、形状，选定主视图的投射方向与图纸的布置，摆正物体使其主要表面与投影面平行，再确定绘图的比例和图纸的幅面。

作图时，应先画出三视图的定位线。先从主视图入手，再根据投影的三等规律，按物体的组成部分及各部分结构，依次画出其他两个视图。三视图的作图步骤如图 2-10 所示。

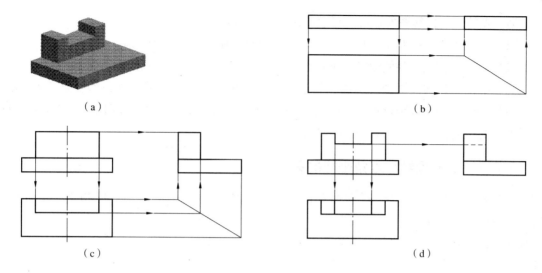

（a）　　　　　　　　　　　　　　　　　　　　　（b）

（c）　　　　　　　　　　　　　　　　　　　　　（d）

图2-10　三视图的作图步骤

2.2　点的投影

点是物体最基本的的组成要素，为了正确而快速地画出物体的三视图，必须掌握点的投影规律。

2.2.1　点的三面投影

物体的三面投影是将物体分别向三个投影面投射，得到三个面的投影图。点的投影也是这样，如图2-11所示，求点 A 的三面投影，首先就是由点 A 向三个面投射，即由点 A 向三个面作垂线，则垂足就是点 A 在三个面上的投影。然后将水平面 H 向下翻转90°，将侧面 W 向右翻转90°，将三个图平铺在一个平面上，就得到点的三面投影图。

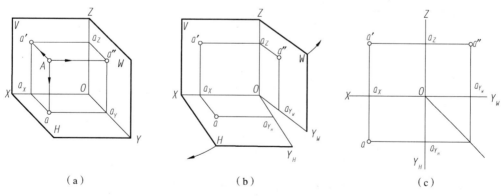

（a）　　　　　　　　　　　（b）　　　　　　　　　　　（c）

图2-11　点的三面投影

通过点的三面投影图的形成，可总结出点的投影规律：

（1）点的水平投影和正面投影的连线垂直于 OX 轴，即 $aa' \perp OX$ 轴；

（2）点的正面投影和侧面投影的连线垂直于 OZ 轴，即 $a'a'' \perp OZ$ 轴；

（3）点的投影到投影轴的距离，等于空间点到相应的投影面的距离，即"点面距等于影轴距"，如点的水平投影到 OX 轴的距离等于点的侧面投影到 OZ 轴的距离，都等于空间点到 V 面的距离，即 $aa_X = a''a_Z = Aa'$，同理 $a'a_Z = aa_Y = Aa''$，$a'a_X = a''a_Y = Aa$。

2.2.2 点的投影与直角坐标的关系

由图 2-11 可知，若将三投影面看作直角坐标系，则投影面 V、H、W 相当于坐标面，投影轴 OX、OY、OZ 相当于坐标轴 X、Y、Z，原点相当于坐标原点 O。原点把每一个轴分成两部分，并规定：OX 轴向左看为正，向右看为负；OY 轴向前看为正，向后看为负；OZ 轴向上看为正，向下看为负。则点 A 的三面投影与其坐标关系如下。

（1）空间点的任一投影，均反映了该点的某两个坐标值，点 A 在三个面内的投影，坐标分别为 a（a_X, a_Y），a'（a_X, a_Z），a''（a_Y, a_Z）。

（2）空间点的每一坐标值，反映了该点到某个投影面的距离，如：

A 到侧面 W 的距离，$Aa'' = x$；

A 到正面 V 的距离，$Aa' = y$；

A 到水平面 H 的距离，$Aa = z$；

空间点坐标的规定写法为 S（x, y, z）。

2.2.3 点的种类及其投影

点在坐标系中不同的位置，其投影也不同，如图 2-12 所示。

（1）坐标轴上的点，有一面投影在原点，如 D（x, 0, 0），侧面的投影在原点。

（2）坐标面上的点，有一个坐标为 0，如 C（x, y, 0）、B（x, 0, z）。

（3）空间点，如 A（x, y, z）。

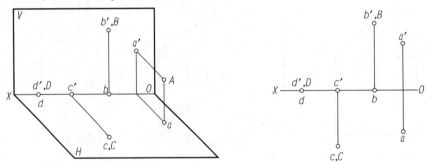

图 2-12 点在坐标系中的位置及投影

例 2-1 如图 2-13 所示，已知点 A 的 V 面投影 a' 和 H 面投影 a，求 W 面投影 a''。

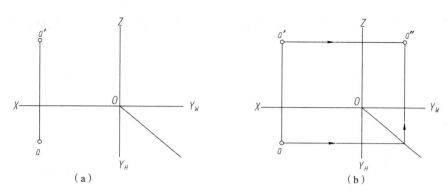

图 2-13 根据点的两面投影求第三面投影

解：利用点投影的两个性质作图。

（1）在 OY_H、OY_W 之间作一条 45° 的辅助线。

（2）利用 $a'a'' \perp OZ$ 性质，从点 a' 作一条直线与 OZ 轴垂直。

（3）再利用 $Y_H = Y_W$ 性质，从点 a 作一条与 OX 轴平行的直线与 45° 的辅助线相交，再向上与 OZ 轴平行，与（2）中直线的交点即为投影 a''。

也可以用"长对正，宽相等，高平齐"的三等规律解释。

例 2-2 如图 2-14 所示，已知点 A（12，8，12），求其投影。

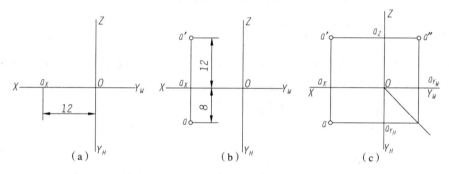

图 2-14 根据点的坐标作投影图

解：利用点投影的性质作图。

（1）作投影轴 OX、OZ、OY_H、OY_W。

（2）在 OX 轴上，从原点 O 向左量取 12（即 $x = 12$）得到点 a_X，在 a_X 正上方量取 12（即 $z = 12$）得到点 a'，在 a_X 正下方量取 8（即 $y = 8$）得到点 a，应注意 $aa' \perp OX$。

（3）过点 a 作 OY_H 轴的垂线，与 45° 直线相交，过交点作 OY_W 轴的垂线，过 a' 作 OZ 轴的垂线，两条线的交点即为 a''。或从原点 O 向右在 OY_W 轴上量取 8 并作 OY_W 轴的垂线，与过 a' 作 OZ 轴的垂线相交，交点即为 a''。

2.2.4 两点的相对位置及重影点

1. 两点的相对位置

两点的相对位置，是指空间两点间的上下、左右、前后的位置关系。

两点在空间的位置，可由两点的坐标来确定，如图2-15所示，由空间两点 A、B 及它们的三面投影，可以看出：

$x_A > x_B$，则点 A 在点 B 的左方；

$y_A < y_B$，则点 A 在点 B 的后方；

$z_A > z_B$，则点 A 在点 B 的上方。

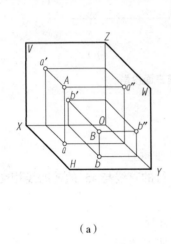

（a）

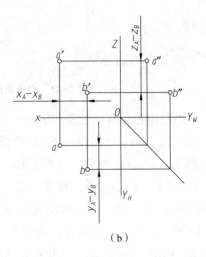

（b）

图2-15　两点的相对位置

2. 重影点

当空间两点处于某一投影面的同一投射线上时，它们在该投影面的投影必然重合，称这两点为该投影面的重影点。如果沿着投射方向观察这两个点，一定是一点为可见，另一点被遮挡。如何在投影图上判别重影点的可见性，是重影点投影的一个重要问题。重影点必然有两个坐标相等，一个坐标不相等。重影点的可见性可根据它们不等的那个坐标值来判断，坐标大者为可见，坐标小者为不可见。

如图2-16所示，点 A 在上，点 B 在下，A、B 两点是相对于 H 面的重影点。由于 $z_A > z_B$，因此，在水平投影中，a 为可见，b 为不可见。点的不可见投影加圆括号表示。

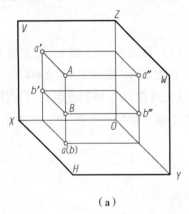

（a）

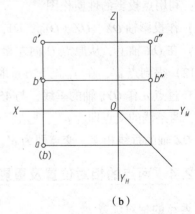

（b）

图2-16　垂影点的可见性判断

2.3　直线的投影

通过空间直线对一个投影面的投影情况，得出空间不同位置直线的投影特性。

2.3.1　直线的三面投影

由初等几何知道，两点决定一条直线，所以要确定直线 AB 的空间位置，连接直线的两个端点即可。因此在作直线 AB 的投影图时，只要分别作出 A、B 两点的三面投影 a、a'、a'' 和 b、b'、b''，然后分别把这两点在同一投影面上的同名投影连接起来，即得直线 AB 的投影 ab、$a'b'$、$a''b''$，如图 2-17 所示。在一般情况下，直线的投影仍为一直线。

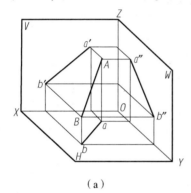
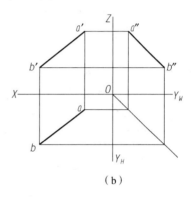

（a）　　　　　　　　　　　　　　　　（b）

图 2-17　直线的三面投影

2.3.2　各种位置直线的投影

根据直线在三面投影体系中的位置不同，将直线分为一般位置直线与特殊位置直线两类。特殊位置直线又分为投影面平行线与投影面垂直线。

1. 一般位置直线

与三个投影面都倾斜的直线，称为一般位置直线，如图 2-17 所示。其投影特性为：

（1）一般位置直线的各面投影都与投影轴倾斜。

（2）一般位置直线的各面投影的长度均小于实长，投影与投影轴的夹角，不反映直线对投影面的倾角。

2. 特殊位置直线

1）投影面平行线

平行于一个投影面，倾斜于另外两个投影面的直线，称为投影面平行线。

投影面平行线分为三种：平行于 V 面的正平线；平行于 H 面的水平线；平行于 W 面的侧平线。

表 2-1 列出了三种投影面平行线的投影特性。以表中正平线为例：

（1）直线 AB∥正面 V，所以在正面上反映直线的实长，即 $a'b'=AB$；

（2）直线 AB 上各点与正面 V 等距离，即 y 坐标相等，所以水平面投影 $ab /\!/ OX$，侧面投影 $a''b'' /\!/ OZ$；

（3）正面投影 $a'b'$ 与 OX、OY 轴的夹角即为直线 AB 对正面 H、侧面 W 的真实倾角 α、γ；

（4）水平面投影 $ab = AB\cos\alpha < AB$，侧面投影 $a''b'' = AB\cos\gamma < AB$。

同理可以得出水平线与侧平线的投影特性，见表 2-1。因此，可得出投影面平行线的特性：

（1）在所平行的平面上的投影反映实长，它与投影轴的夹角分别反映直线对另外两个投影面的真实倾角；

（2）在另外两个投影面的投影，分别平行于相应的投影轴，且长度缩短。

表 2-1　投影面平行线的投影特性

名称	正平线	水平线	侧平线
直观图	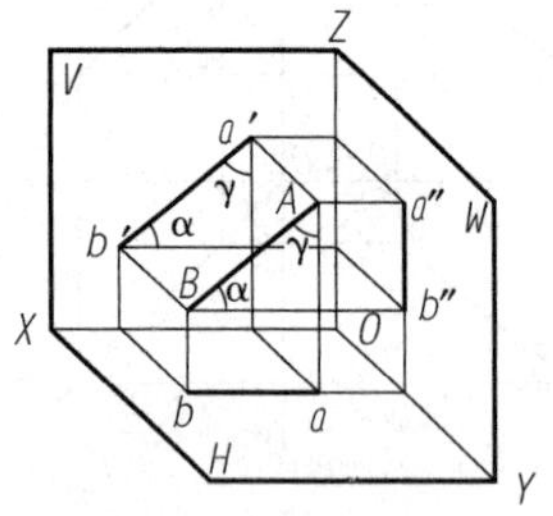	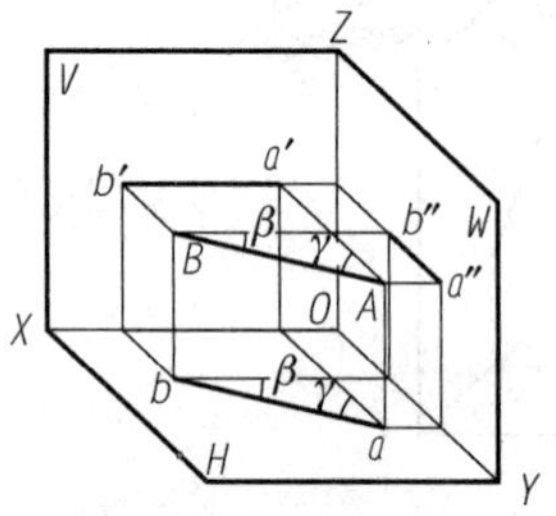	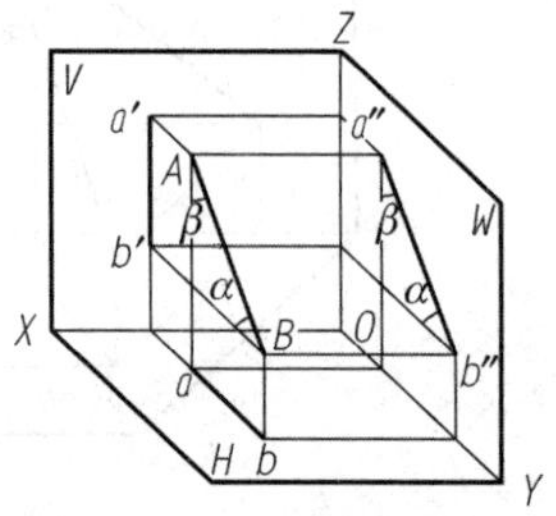
投影图	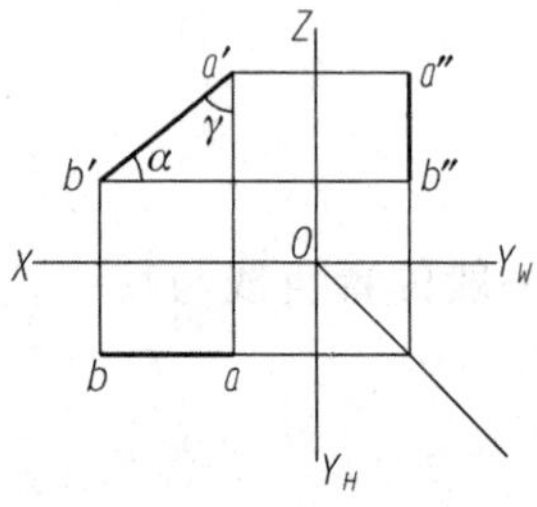	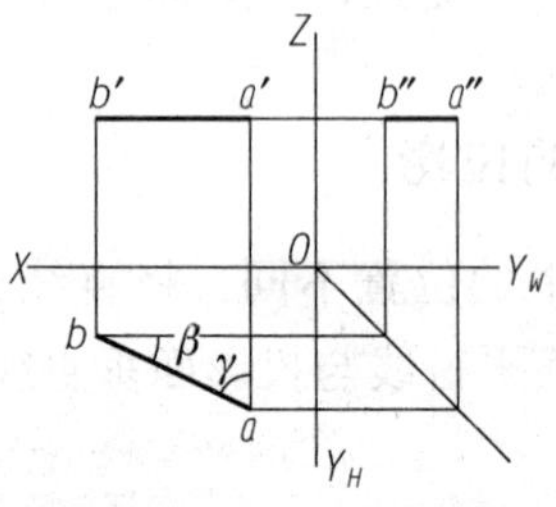	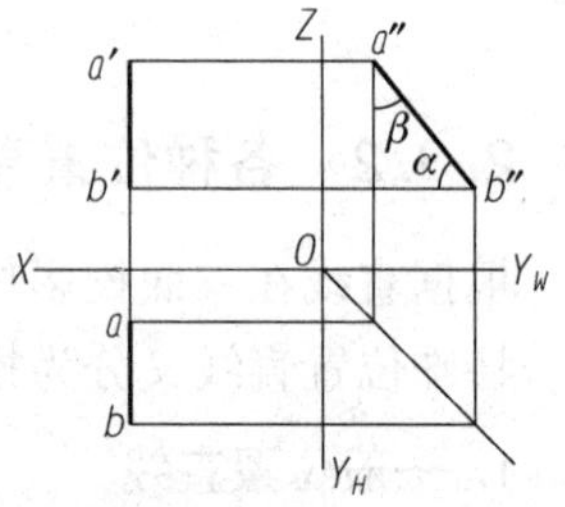
投影特性	①$a'b' = AB$ ②$ab /\!/ OX$、$a''b'' /\!/ OZ$ ③反映 α、γ 角	①$ab = AB$ ②$a'b' /\!/ OX$、$a''b'' /\!/ OY_W$ ③反映 β、γ 角	①$a''b'' = AB$ ②$a'b' /\!/ OZ$、$ab /\!/ OY_H$ ③反映 α、β 角
	①直线在所平行的投影面上的投影，反映实长和与其他两个投影面的倾角 ②直线在其他两个投影面上的投影分别平行于相应的投影轴，且比实长短		

2）投影面垂直线

垂直于一个投影面，平行于另外两个投影面的直线，称为投影面垂直线。

投影面垂直线分为三种：垂直于 V 面的正垂线；垂直于 H 面的铅垂线；垂直于 W 面的侧垂线。

表 2-2 列出了三种投影面垂直线的投影特性。以正垂线为例：

（1）因为 $AB \perp V$ 面，所以 $a'b'$ 积聚为一点；

（2）因为 $AB /\!/ W$ 面，$AB /\!/ H$ 面，AB 上各点的 x 坐标、z 坐标分别相等，所以 $ab /\!/ OY_H$、$a''b'' /\!/ OY_W$，且 $ab = AB$、$a''b'' = AB$，反映直线的实长。

同理，可得铅垂线、侧垂线的投影特性，见表 2-2。因此，可得出投影面平行线的特性：

（1）在与直线垂直的投影面上的投影积聚为一点；

（2）在另外两个投影面上的投影平行于相应的投影轴，且均反映实长。

表 2-2　投影面垂直线的投影特性

名称	正垂线	铅垂线	侧垂线
直观图			
投影图			
投影特性	①$a'b'$积聚成一点 ②$ab \perp OX$、$a''b'' \perp OZ$ ③$ab = a''b'' = AB$	①ab 积聚成一点 ②$a'b' \perp OX$、$a''b'' \perp OY_W$ ③$a'b' = a''b'' = AB$	①$a''b''$积聚成一点 ②$a'b' \perp OZ$、$ab \perp OY_H$ ③$ab = a'b' = AB$
	①直线在所垂直的投影面上的投影积聚为一点 ②直线在其他两个投影面上的投影分别垂直于相应的投影轴，且反映实长		

2.3.3　两直线的相对位置

1. 两直线平行

若空间两直线互相平行，则其同面投影必互相平行。如图 2-18 所示，已知 $AB /\!/ CD$，则 $ab /\!/ cd$，$a'b' /\!/ c'd'$。反之，如果两直线的同面投影都互相平行，则此两直线在空间必定互相平行。

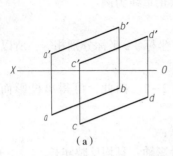
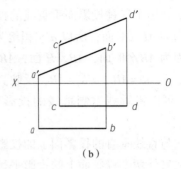

（a）　　　　　　　　　　　　（b）

图2-18　两直线平行

2. 两直线相交

若空间两直线相交，则其同面投影必相交，且交点符合点的投影规律。反之，若两直线的各同面投影相交，且各投影的交点符合点的投影规律，则此两直线在空间一定相交，如图2-19所示。

3. 两直线交叉

交叉两直线是既不平行又不相交的异面直线，因而其投影既不具有平行两直线的投影特性，也不具有相交两直线的投影特性，如图2-20所示。

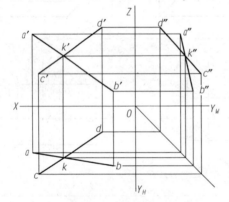
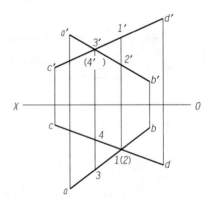

图2-19　两直线相交　　　　　　　图2-20　两直线交叉

例2-3　判断两直线是否平行，如图2-21（a）所示。

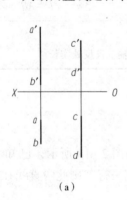
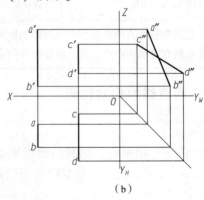

（a）　　　　　　　　　　　　（b）

图2-21　判断两直线是否平行

解：因为在三面投影中，如果两直线的同面投影都互相平行，则此两直线在空间必定互相平行，因此，我们作两直线的第三面投影。结果发现第三面投影相交，说明该两条直线在空间不平行，如图 2-21（b）所示。

注意，在两面投影中，若两直线都为一般位置直线，而且同面投影都互相平行，则空间两直线一定平行。

例 2-4　已知直线 AB、CD 的两面投影和点 E 的水平投影 e，如图 2-22（a）所示。求作直线 EF，使其与 CD 平行，并与 AB 相交于点 F。

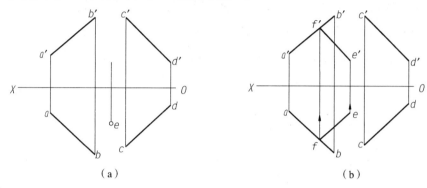

（a）　　　　　　　　　　　　（b）

图 2-22　求作直线与一直线平行而与另一直线相交

解：利用两直线平行与两直线相交的特性，直线平行则投影也平行，直线相交则投影也相交。在水平面内过 e 作投影 ef 与投影 cd 相平行，交 ab 于 f 点，再利用点投影性质，将点 f 返回到正平面内，得点 f'。再过点 f' 作 f'e' // c'd'，如图 2-22（b）所示。

2.3.4　直线上的点

由平行投影的基本性质可知：若点在直线上，则点的各面投影必在直线的同面投影上，且点分线段之比，投影后仍保持不变，如图 2-23 所示。

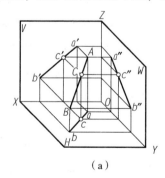
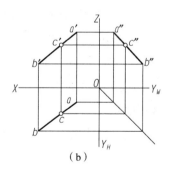

（a）　　　　　　　　　　　　（b）

图 2-23　直线上的点

2.4　平面的投影

各种位置平面与各投影面相对位置不同，它们的投影也各具特点。

2.4.1　平面的表示法

平面通常由确定该平面的点、直线或平面图形等几何元素来表示，如图 2-24 所示。

（1）不在一直线上的三点，如图 2-24（a）所示；

（2）一直线及直线外一点，如图 2-24（b）所示；

（3）两相交直线，如图 2-24（c）所示；

（4）两平行直线，如图 2-24（d）所示；

（5）任意的平面图形，如图 2-24（e）所示。

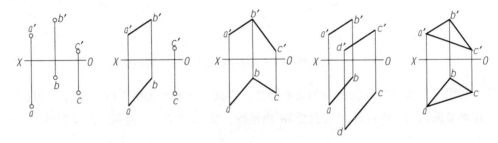

图 2-24　平面的表示法

2.4.2　各种位置平面的投影

一般来说，平面可以分解成许多点，平面的投影就是由这些点的投影来组成的。这样，我们就可以求出这些点的投影，将同平面内点的投影顺序地连接起来就构成平面的投影。

如图 2-25（a）所示，在三面投影体系中，将平面 ABC 分解成由 A、B、C 三个点组成，这时分别求出 A、B、C 三点在三面投影体系中的投影 (a, a', a'')、(b, b', b'')、(c, c', c'')，在同一平面内按照一定的顺序连接 abc，$a'b'c'$，$a''b''c''$。注意，当平面为多边形时，就要注意点的连接顺序。

根据平面在三面投影体系中对三个投影面所处的位置不同，将平面分成一般位置平面与特殊位置平面两大类。平面对 H、V、W 三投影面的倾角分别用 α、β、γ 表示。

1. 一般位置平面

与三投影面都倾斜的平面，称为一般位置平面。如图 2-25 所示，平面 ABC 为一般位置平面，与三个投影面都倾斜，所以各面的投影虽然为三角形，但都比原来形状小，不反映实形，是原平面的类似形。

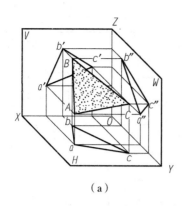

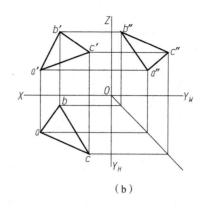

|（a）|（b）|

图 2-25　平面的投影

2. 特殊位置平面

特殊位置平面又分为投影面垂直面与投影面平行面两类。

1）投影面垂直面

垂直于一个投影面，与其他两个投影面倾斜的平面称为投影面垂直面。投影面垂直面可分为三种：垂直于 V 面的正垂面，垂直于 H 面的铅垂面，垂直于 W 面的侧垂面。

表 2-3 列出了三种投影面垂直面的投影特性。现以铅垂面为例，讨论投影面垂直面的特性：

（1）铅垂面 P 垂直于水平面 H，在水平面上投影积聚成一直线 p，直线 p 与投影轴 OX、OY 轴倾斜；

（2）铅垂面 P 的水平投影与 OX 轴的夹角反映了该平面对正面 V 的倾角 β，与 OY 轴的夹角反映了该平面对侧面 W 的倾角 γ；

（3）铅垂面的正面投影和侧面投影是与平面 P 形状相似的类似形。

同理，可以得出正垂面与侧垂面的投影特性，如表 2-3 所示。所以，可得投影面垂直面的投影特性：

（1）在所垂直的投影面上的投影，积聚成一条直线，它与投影轴的夹角分别反映了该平面对另外两个投影面的真实倾角；

（2）在另外两个投影面上的投影为面积缩小的类似形。

表 2-3　投影面垂直面的投影特性

名称	铅垂面	正垂面	侧垂面
直观图			

续表

名称	铅垂面	正垂面	侧垂面
投影图	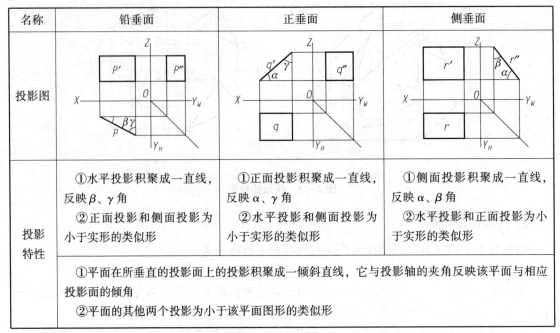		
投影特性	①水平投影积聚成一直线，反映β、γ角 ②正面投影和侧面投影为小于实形的类似形	①正面投影积聚成一直线，反映α、γ角 ②水平投影和侧面投影为小于实形的类似形	①侧面投影积聚成一直线，反映α、β角 ②水平投影和正面投影为小于实形的类似形
	①平面在所垂直的投影面上的投影积聚成一倾斜直线，它与投影轴的夹角反映该平面与相应投影面的倾角 ②平面的其他两个投影为小于该平面图形的类似形		

2）投影面平行面

平行于一个投影面，与其他两投影面垂直的平面称为投影面平行面。投影面平行面可分为三种：平行于 V 面的正平面，平行于 H 面的水平面，平行于 W 面的侧平面。

表2-4列出了三种投影面平行面的投影特性。现以水平面为例，讨论投影面平行面的投影特性：

（1）水平面 P 平行于水平面 H，所以在水平面 H 上的投影反映实形；

（2）水平面 P 垂直于正面 V 和侧面 W，在正面和侧面上积聚成直线 p' 和 p''，且 $p' /\!/ OX$ 轴，$p'' /\!/ OY$ 轴。

同理可得正平面和侧平面的投影特性，如表2-4所示。所以，可得到投影面平行面的投影特性：

（1）在所平行的投影面上的投影反映实形；

（2）在另外两个投影面上的投影分别积聚为直线，且平行于相应的投影轴。

表2-4 投影面平行面的投影特性

名称	水平面	正平面	侧平面
直观图			

名称	水平面	正平面	侧平面
投影图	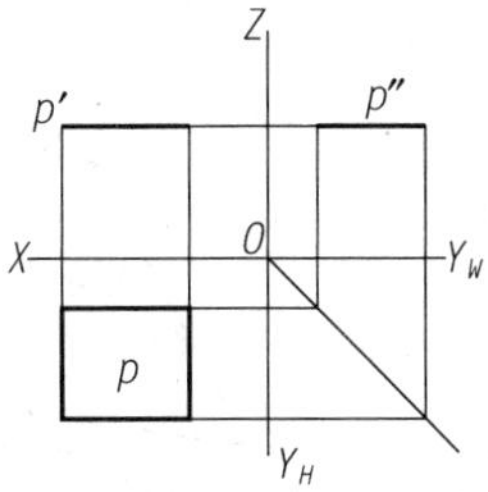 （投影图：p'、p''、p）	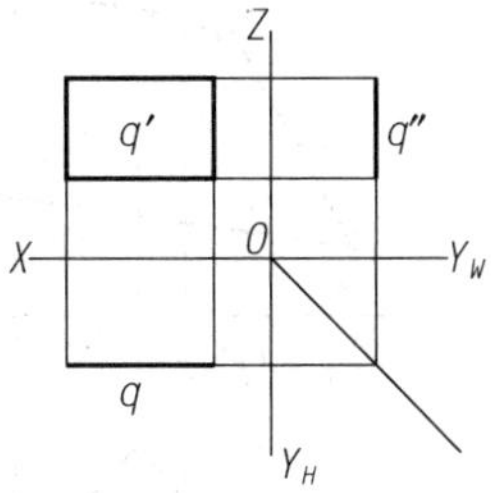 （投影图：q'、q''、q）	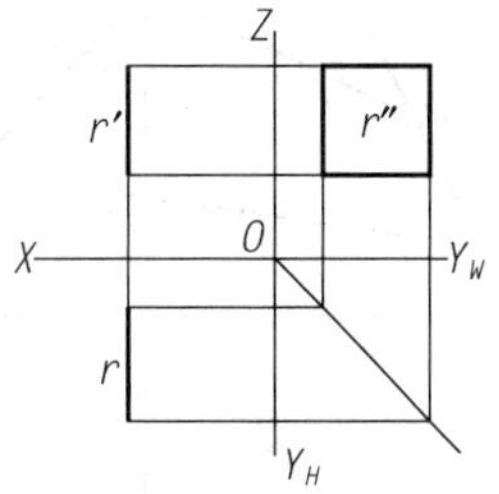 （投影图：r'、r''、r）
投影特性	①水平投影反映实形 ②正面投影和侧面投影有积聚性，且分别平行于 OX 轴和 OY_W 轴	①正面投影反映实形 ②水平投影和侧面投影有积聚性，且分别平行于 OX 轴和 OZ 轴	①侧面投影反映实形 ②水平投影和正面投影有积聚性，且分别平行于 OY_H 轴和 OZ 轴
	①平面在所平行的投影面上的投影反映实形 ②平面的其他两个投影有积聚性，且分别平行于相应的投影轴		

2.4.3 平面内的直线和点

1. 平面内的直线

直线在平面内的判定条件是：

（1）直线经过平面内的两点；

（2）直线经过平面内的一点，且平行于平面内的一条直线。

如图2-26（a）所示，直线 MN 在平面 ABC 内，点 M 在直线 AB 上，M 的两面投影也在 AB 的投影上。点 N 在直线 AC 上，N 的两面投影也在 AC 的投影上，所以 MN 在平面 ABC 内。

如图2-26（b）所示，直线 LK 平行于直线 EF，投影也平行于 EF 的投影，且点 K 在直线 DE 上，根据直线在平面内的判定条件（2），直线 LK 在平面 DEF 内。

2. 平面内的点

点在平面内的判定条件是：若点在平面内的任一直线上，则点在该平面内。

所以，在平面上取点时，一般都是先找一条通过该点的直线，即点的三面投影都在直线投影上，再应用直线在平面内的判定条件，证明该直线在平面内。

如图2-27所示，过点 K 的一直线，与平面 ABC 内的直线 AB 交于点 M，与 AC 交于点 N，这样直线 MN 就是平面内的一条直线，点 K 又在直线上，那么点 K 就是平面内的一点。

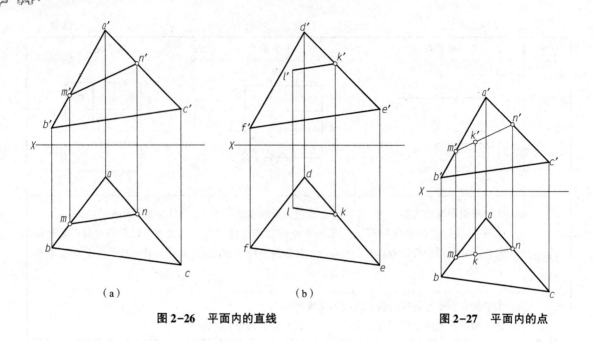

（a）	（b）	
图2-26 平面内的直线		图2-27 平面内的点

小　结 ▶▶　▶

本章的重点是正投影法的概念及点、直线、平面的投影规律，读者一定要熟练掌握。

1. 正投影法的概念：投影线互相平行且垂直于投影面。当直线或平面与投影面平行时，投影有真实性；当直线或平面与投影面垂直时，投影有积聚性。

2. 点的投影：研究直线、平面和立体投影的基础，应熟练掌握点的投影规律和重影点的概念。

3. 直线的投影：

（1）根据直线对投影面的相对位置不同，直线分为投影面平行线、投影面垂直线和一般位置直线，应熟练掌握每种直线的投影规律；

（2）两直线的相对位置有平行、相交、交叉三种情况，要注意相交两直线与交叉两直线在投影图上的区别。

4. 平面的投影：根据平面对投影面的相对位置不同，平面分为投影面垂直面、投影面平行面和一般位置平面。平面有积聚性的投影能清楚反映平面的空间位置，而投影成实形或类似形的投影则主要反映平面的形状。

5. 点和直线在平面上的几何条件，是在平面上取点和取直线作图的依据。要熟练掌握在平面上取点的作图方法。

练习题 ▶▶　▶

1. 什么是投影法？它分为几种？各种投影法的特点是什么？

2. 正投影法的基本性质是什么？机械图样主要采用什么投影法？

3. 什么是视图？三视图是哪三个？是怎样形成的？

4. 三视图的三等规律是什么？三视图各反映了物体的哪些方位？

5. 点的三面投影是怎样形成的？它的投影规律是什么？

6. 什么是重影点？重影点可见性是怎样判定的？

7. 直线的投影是怎样形成的？有哪些位置的直线？

8. 投影面平行线有几种？投影的特性的是什么？

9. 投影面垂直线有几种？投影的特性的是什么？

10. 点在直线上的判定条件是什么？

11. 平面投影是怎样形成的？有几种位置的平面？

12. 投影面平行面有几种？各有什么特性？

13. 投影面垂直面有几种？各有什么特性？

14. 直线属于平面的判定条件是什么？点属于平面的判定条件是什么？

第3章
组合体

本章要点 ▶▶▶ ▶

- 组合体的形体分析
- 组合体的画法
- 组合体的尺寸标注
- 读组合体视图

本章说明 ▶▶▶ ▶

　　组合体是指由基本几何体通过叠加、切割等方式组合而成的立体。组合体是相对于基本立体，在基本立体的基础上进行演变的任意立体。任何复杂的机器零件，从空间结构来看都是由一些基本立体组合而成，故由若干基本立体组成的类似机器零件的三维结构体称为组合体。

3.1　组合体的形体分析

　　要懂得对组合体的基本形体进行分析，首先就要了解组合体的一些基本形式，通过对基本形式的了解来掌握常见组合体的形体分析方法。

3.1.1　组合体的基本形式及表面连接关系

1. 组合形式

组合体的组合形式有叠加和切割两种基本形式，而常见的是这两种形式的综合。

1）叠加

叠加是基本形体构成组合体的基本形式，主要用于基本形体间的简单叠加，如图3-1所示。

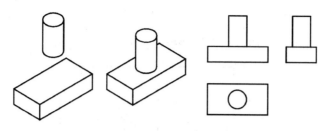

图 3-1　叠加式组合体

2）切割

切割是用平面或回转面切除或挖掉基本形体的某一部分而形成的组合体，如图 3-2 所示。

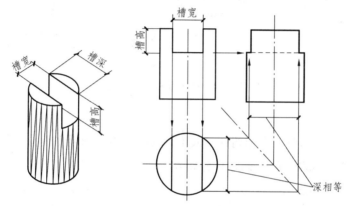

图 3-2　切割式组合体

2. 表面连接关系

组成组合体的各形体之间都有一定的连接关系。相邻表面连接关系可分为三种：平行、相交、相切。

1）平行

平行是指两基本形体表面间同方向的相互关系，它又可以分为两种情况：平齐和不平齐。当两形体的表面平齐时，结合处没有分界线。反之，如两表面不平齐，则中间应有线隔开，如图 3-3 所示。

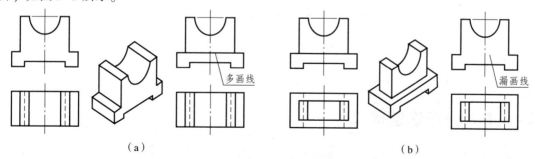

（a）　　　　　　　　　　　（b）

图 3-3　两表面平齐或不平齐的画法
（a）平齐；（b）不平齐

2）相交

当两形体的表面相交时，应画出交线的投影，如图3-4所示。

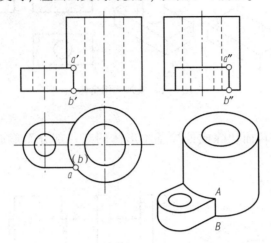

图3-4　两表面相交的画法

3）相切

当两形体的表面相切时，在相切处一般不画线。底板的前后平面分别与圆柱面相切，相切时面与面之间是光滑的过渡，如图3-5所示。

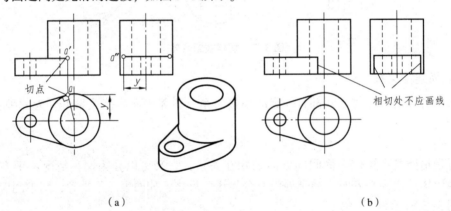

（a）　　　　　　　　　　　　　　　　　　（b）

图3-5　两表面相切的画法

（a）正；（b）误

3.2　组合体的画法

组合体的画法主要是组合体三视图的画法，下面介绍两种组合体三视图的画法，要学会融会贯通。

3.2.1 叠加式组合体三视图的画法

1. 形体分析

画组合体视图之前，应对组合体进行形体分析，即了解组合体各基本形体的形状、组合形式、相对位置及表面连接关系，以及其在某个方向上是否对称，以便对组合体的整体形式有个总的概念。

图 3-6 所示的组合体是由四个部分叠加而成的。其中，Ⅱ、Ⅳ部分为空心圆柱体，Ⅰ、Ⅲ部分均为棱柱体与部分圆柱体的组合。Ⅱ与Ⅲ上表面平齐，且Ⅲ的左、右两侧面与Ⅱ在前面相交；Ⅰ与Ⅱ的底面平齐，Ⅰ的前后两个平面与Ⅱ的圆柱面相切；Ⅱ与Ⅳ内外圆柱面均为正交。

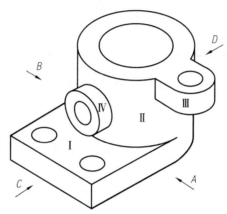

图 3-6 组合体的形体分析

2. 选择主视图

在组合体的三个视图中，主视图最为重要。选择主视图可以考虑以下三方面的要求：

（1）将组合体放正，即使其主要平面（或轴线）平行或垂直于主要投影面；

（2）一般情况下，选择反映组合体形状特征最明显、反映形体间相互位置最多的投射方向作为主视图的投射方向；

（3）使各视图中不可见的形体最少。

如图 3-6 所示，将组合体按自然位置安放好，并使其主要平面或轴线与投影面保持平行或垂直，然后选取主视图的投射方向，从四个方向进行比较：若选 C 向或 D 向，视图中各部分的相对位置关系反映得不明显，且虚线较多，不便于读图；选 A 向或 B 向，都能较好地反映组合体的形状特征及各部分的相对位置关系，但与 A 向视图比较，B 向视图虚线较多。通过分析比较，选择 A 向作为主视图的投射方向较合理，如图 3-7 所示。

当主视图的投射方向确定后，俯视图和左视图也就随之确定。

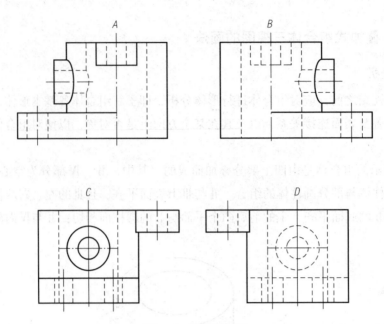

图 3-7 选择主视图

3. 选比例、确定图幅

在对所画组合体进行形体分析和确定主视图的基础上，再根据其大小和复杂程度，选择合理的比例和图纸幅面。

4. 布置图面

根据各视图的最大轮廓尺寸和各视图间应留有的间隙，在图纸上均匀地布置各视图的位置，画出确定各视图两个方向上的基准线。一般以组合体的底面、端面、对称平面和回转体轴线的投影作为基准线。叠加式组合体三视图的作图步骤如图 3-8 所示。

5. 画底稿

细、轻、准、快地逐个画出各基本体的视图。画底稿时应注意以下内容。

（1）画图的一般顺序是：先画主要形体，后画次要形体；先定位置，后画形状；先画具有特征形状的视图（如圆柱应先画圆形视图），后画其他视图；先画各基本形体，后画形体间的交线等。

（2）画图时，常常不是画完一个视图后再画另一个视图，而是几个视图配合起来画，以使投影准确和提高画图效率，防止出现"漏线"或"多线"等错误，并注意组合时两表面连接关系的正确画法。

6. 检查、描深

画完底稿后，应按形体逐个进行检查。应用形体分析法逐一分析各形体的投影是否画全；相对位置是否画对；表面间连接关系是否正确。确认无误后，擦去多余的线，清理图面，然后按标准线型描深图线。

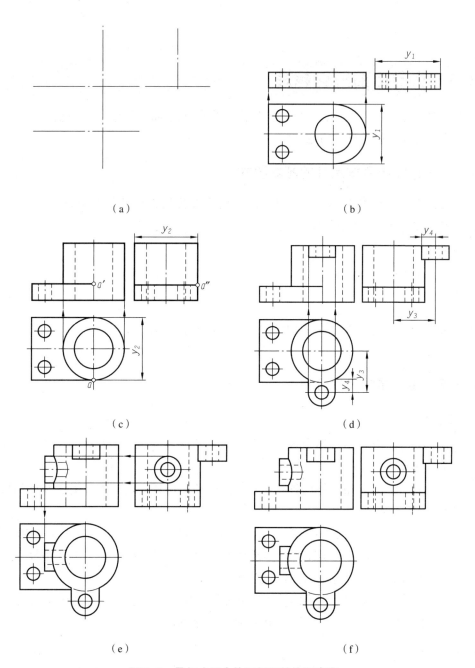

图 3-8 叠加式组合体三视图的作图步骤

（a）画基准线；（b）画形体 1；（c）画形体 2；（d）画形体 3；（e）画形体 4；（f）检查、描深

3.2.2 切割式组合体三视图的画法

对基本形体进行切割而形成的组合体即为切割式组合体。绘制这类组合体的三视图时，通常先画出未切割的基本形体的投影，然后逐一画出被切割后的形体的投影。各切口部分应从反映其形状特征的视图开始画起，然后根据投影关系画出其他两个视图。

3.3 组合体的尺寸标注

要正确地标注组合体尺寸，首先就要记住一些常见的标准原则，并注意在标注中会遇到的一些标注问题和错误的标注方法。

3.3.1 标注组合体尺寸的基本要求

视图仅能表示组合体的形状，而组合体各组成部分的大小及相对位置还需由尺寸来决定。组合体标注尺寸时应该做到以下两点。

1. 正确

必须符合国家标准中尺寸注法的一般规定。

2. 完整

所注尺寸必须能完全确定组合体的形状大小及各部分间的相对位置关系，标注尺寸时既不能遗漏，也不能重复。

3.3.2 组合体的尺寸分析

1. 组合体中的三类尺寸

（1）定形尺寸：确定组合体中各基本形体大小的尺寸。如图 3-9 中的尺寸 50、36、10、R8、$\phi 20$ 为定形尺寸。

（2）定位尺寸：确定组合体中各基本形体之间相对位置的尺寸。如图 3-9 中的尺寸 34、20 为定位尺寸。

（3）总体尺寸：确定组合体总长、总宽、总高的尺寸。如图 3-9 中的尺寸 50、36、16 为总体尺寸。有时总体尺寸会被某个基本形体的定形尺寸所代替，如图 3-9 中尺寸 50 和 36 既是底板的长和宽，又是组合体的总长和总宽。

必须指出，当组合体的外端为回转体或部分回转体时，一般不以轮廓线为界直接标注其总体尺寸。如图 3-10 中总高由中心高 30 和 R15 间接确定。

2. 尺寸基准

标注和度量尺寸的起点，称为尺寸基准。在标注各基本形体间相对位置的定位尺寸时，必须先确定长、宽、高三个方向的尺寸基准，如图 3-9 所示。

可以选作尺寸基准的常是组合体的对称平面、底面、重要端面、回转体的轴线。

以对称面为尺寸基准标注对称尺寸时，应标注对称总尺寸。

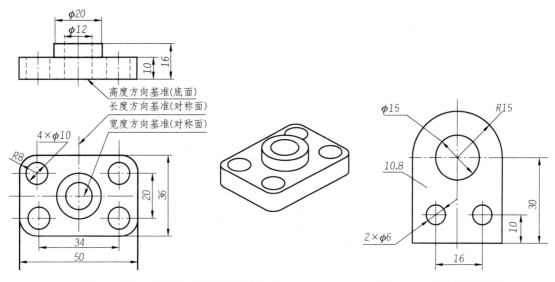

图 3-9 组合体的尺寸标注及尺寸基准   图 3-10 不直接标注总体尺寸

3.3.3 组合体尺寸标注中应注意的问题

1. 尺寸标注必须完整

尺寸完整，才能完全确定物体的形状和大小。只要通过形体分析，逐个地注出各基本形体的定形尺寸、定位尺寸及总体尺寸，就能达到完整的要求。

2. 避免出现"封闭尺寸"

如图 3-11（b）所示，尺寸 16、36、52 若同时标出，则形成"封闭尺寸"。一般情况下，这样标注是不允许的。

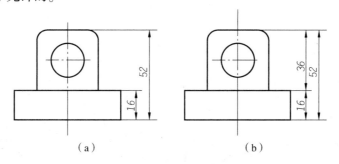

（a）   （b）

图 3-11 封闭尺寸

（a）合理；（b）不合理

3. 尺寸标注必须清晰

（1）尺寸应尽量标注在反映形状特征明显的视图上。

（2）同一形体的尺寸尽量集中标注。与两视图有关的尺寸，最好注在两视图之间（见图 3-12（a）中的 100），以便于看图。

（3）尽量不在虚线上标注尺寸（见图 3-13）。

（4）同心圆柱的直径尺寸，最好注在非圆视图上（见图 3-14）。

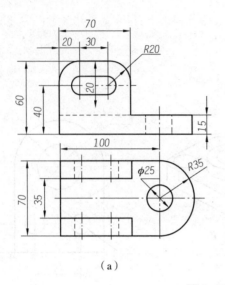
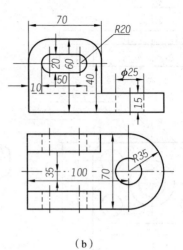

（a）　　　　　　　　　　　　（b）

图 3-12　尺寸标注

（a）清晰；（b）不好

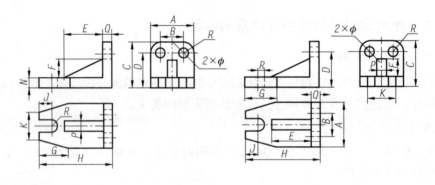

（a）　　　　　　　　　　　　（b）

图 3-13　尽量不在虚线上标注尺寸

（a）清晰；（b）不好

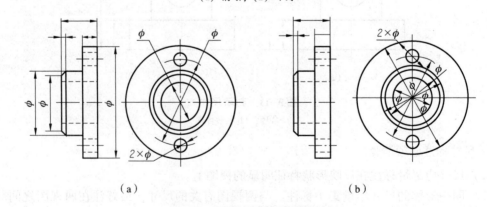

（a）　　　　　　　　　　　　（b）

图 3-14　同心圆柱的直径尺寸

（a）清晰；（b）不好

3.3.4 组合体尺寸标注的步骤

现以图 3-15 所示组合体为例,说明组合体尺寸标注的步骤。

(1) 分析形体。该组合体由底板和立板两个形体叠加而成,形状及相对位置如图 3-15 所示。

(2) 选尺寸基准。字母 *L*、*B*、*H* 分别表示长、宽、高三个方向的尺寸基准,如图 3-15 所示。

(3) 对形体逐个标注其定形尺寸、定位尺寸以及组合体的总体尺寸,如图 3-16(a)所示。

(4) 检查、调整。按形体逐个检查它们的定位尺寸、定形尺寸及总体尺寸,补上遗漏,除去重复,并对不合理尺寸进行修改和调整,如图 3-16(b)所示。

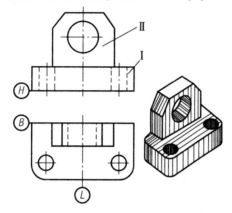

图 3-15 组合体

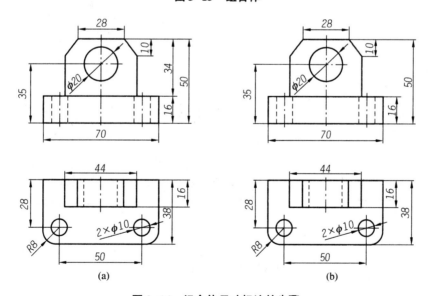

(a)　　　　　　　　　　　　(b)

图 3-16 组合体尺寸标注的步骤

3.3.5 常见结构的尺寸注法

常见结构的尺寸注法如图 3-17 所示。

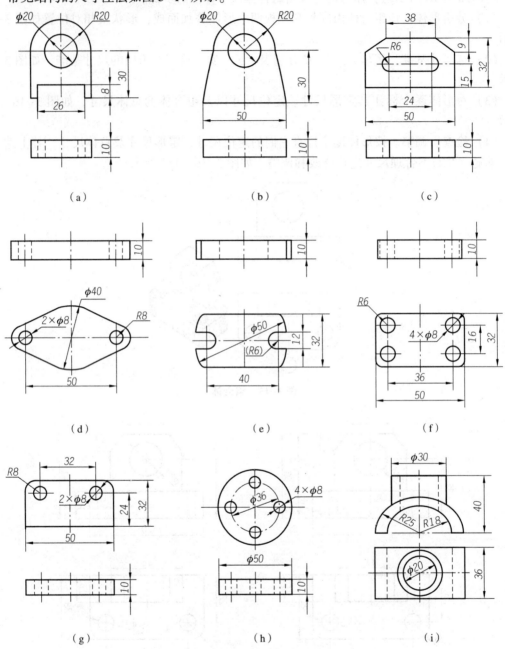

图 3-17 常见结构的尺寸注法

3.4 读组合体视图

要读懂组合体视图，首先应熟悉组合体视图的基本知识，这样才能从局部到整体，读懂组合体的三个基本视图。

3.4.1 读图的基本知识

1. 读图时要把几个视图联系起来分析，切忌只看一个或两个视图就下结论

在没有标注的情况下，只看一个视图不能正确判断物体的形状。有时虽有两个视图，但也有可能形状不确定，如图3-18（a）、（b）所示。

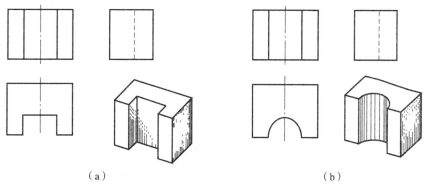

（a）　　　　　　　　　　　　　　（b）

图3-18 几个视图配合读图示例

2. 从反映物体形状特征最明显的视图入手，联系其他视图来想象，能较快地读懂视图

读图时一般先从主视图入手。但组合体的各形体形状特征不一定全集中在主视图上，此时必须找出反映形状特征的那个视图，再联系其相应投影，想象形体的形状。如图3-19所示的物体，其底板的形状特征在俯视图中反映得最明显，读图时应从俯视图入手；竖板的形状特征在主视图上反映最明显，读图时一般从主视图入手。

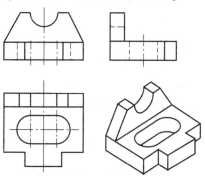

图3-19 分析形状特征

3. 进一步理解线及线框所表示的含义

如图3-20所示，视图中一条线对应的空间几何元素可能是：

（1）面的积聚投影；

（2）表面交线的投影；

（3）曲面转向轮廓线的投影。

视图中一个线框对应的空间几何元素可能是：

（1）平面的投影；

（2）曲面的投影；

（3）曲面与其切平面的投影；

（4）两曲面相切的投影。

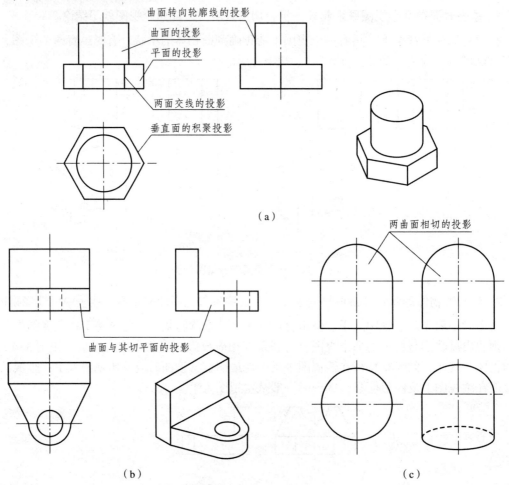

图 3-20　线和线框的含义

3.4.2　叠加式组合体视图的阅读

读此类组合体的视图主要采用形体分析法，通过对视图进行投影分析，先分别读懂组合体的各基本形体，再综合各基本形体间的相对位置和表面连接关系，想出组合体的整体形状。以图 3-21 所示的轴承座为例，说明此类组合体视图阅读的方法和步骤。

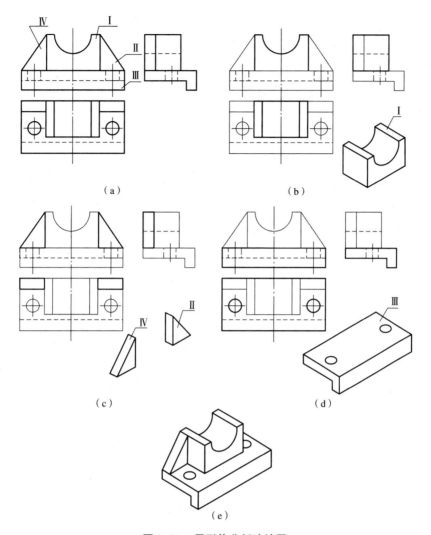

图 3-21　用形体分析法读图

(a) 划线框，分形体；(b) 对投影，构思形体 I 的形状；(c) 对投影，构思形体 II、IV 的形状；

(d) 对投影，构思形体 III 的形状；(e) 综合起来想总体

1. 认识视图，抓特征

认识视图就是以主视图为主，弄清楚图样上各个视图的名称与投射方向。抓特征就是找出反映物体特征较多的视图，以便在较短的时间里，对该物体有一个大致的了解。图 3-21 中反映该组合体特征较多的是主视图。

2. 划线框，分形体

根据主视图，经过粗略分析，可以把组合体划分成 I 、II 、III 、IV 四个线框。

3. 对投影，想形状

从主视图入手，找出每个线框对应的另外两个投影，想象出每个线框所对应的空间形状。

4. 综合起来想总体

最后根据各形体之间的相对位置和相邻表面间的连接关系，想出组合体的整体形状。

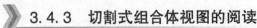

3.4.3 切割式组合体视图的阅读

此类组合体视图的阅读主要采用线面分析法，就是根据视图中线条和线框的含义，分析相邻表面的相对位置、表面形状及面与面的交线特征，从而确定物体的空间形状。

运用线面分析法读图时，需注意以下几点。

（1）视图中每一个封闭线框表示形体上一个表面或孔的投影；相邻两个封闭线框通常表示两个位置不同的表面。图3-22中俯视图上的线框 p、q、r 分别表示正垂面 P、水平面 Q 和圆柱面 R 的投影。

（2）大线框中的小线框相对大线框表示的表面，或是凸，或是凹，也可能是斜面或孔。图3-22中主视图上的线框 s' 表示一个突出的圆柱端面，其内所含的小圆面为孔的投影。

（3）一个视图上的封闭线框，在其他视图上对应的投影，或是积聚成线，或是一个类似形。图3-22中俯视图上的封闭线框 p，其对应的正面投影积聚成直线，侧面投影是一个与 p 相类似的图形。

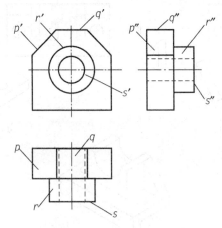

图3-22 用线面分析法读图

例3-1 看懂图3-23（a）所示的三视图。

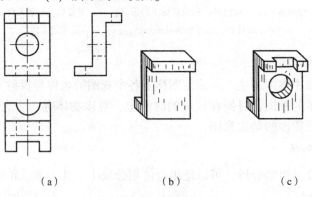

（a）　　　　　　（b）　　　　　　（c）

图3-23 读图练习

解： 本例应从左视图入手。因为该物体的形状和位置特征在左视图上反映得明显。它的主要部分是由三块板所组成的，在主、左视图上找出对应的投影后，主要部分的形状就清楚了，如图3-23（b）所示。至于开槽部分，应从俯视图入手；立板中间的圆孔，应从主视图入手。物体的整体形状如图3-23（c）所示。

例3-2 由图3-24（a）所示的两视图，补画左视图。

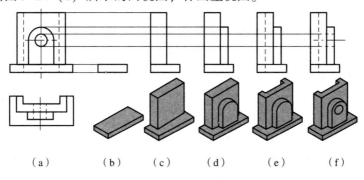

（a）　　　（b）　　　（c）　　　（d）　　　（e）　　　（f）

图3-24　由两视图补画第三视图

解： 要正确地补画第三视图，首先应根据已知的两个视图，用前述的读图方法将图看懂并想出物体的形状，然后按画三视图的方法画出第三视图。

根据给出的两视图，可以看出该物体是由底板、前半圆板和后立板叠加起来后，又切去一个通槽、钻一个通孔而成的。具体作图步骤，如图3-24（b）、（c）、（d）、（e）、（f）所示。

小　结

本章学习的重点是利用形体分析法和线面分析法绘制和阅读组合体的视图，以及组合体的尺寸注法。

1. 绘图。

（1）对叠加为主的组合体，主要运用形体分析法。对形体逐个画图，先画主要形体；先定位置，后画形体；先画形体，再画交线；先画具有形状特征的视图，后画其他视图，并尽可能几个视图联系起来画。

（2）对切割式的组合体，主要运用线面分析法。选一个繁简适度的形体作为画图的基础，画出其视图，再在此基础上画出斜面和切口的投影。

2. 读图。

（1）对叠加为主的组合体视图的阅读，主要运用形体分析法，并用线面分析法攻难点。通过对投影、分形体进行分析，综合各组成形体和相互位置想整体。

（2）对切割式组合体的读图，主要运用线面分析法。通过对投影、分形面进行分析，综合各表面的形状和位置想整体。

读图的过程，一般从特征视图着手，先粗略读，后细读；先读易懂的形体，后读难懂的形体。遇到难点时可采用"先假定后验证，边分析边想象"的方法来突破。

3. 尺寸标注。

标注组合尺寸时，先选定三个方向的尺寸基准，再使用形体分析法，逐个标注各基本体定形尺寸和定位尺寸，再考虑用总体尺寸修改、调整。对组合体尺寸的基本要求：正确、完整、清晰。

练习题 ▶▶ ▶

1. 组合体有哪几种组合形式？

2. 组合体上相邻表面的连接关系有哪些？

3. 试述用形体分析法画图和看图的方法步骤。

4. 试述标注组合体尺寸应达到哪三项基本要求。

5. 试设计一个包含四个形体的组合体，画出它的三视图，并标注尺寸。

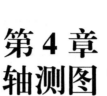

第4章
轴测图

⊙ **本章要点** ▶▶ ▶

- 明确轴测图的形成、分类及各种轴测图的特点
- 熟悉平面立体和曲面立体正等轴测图的画法
- 了解斜二测的作图特点，能根据实物或投影图绘制物体的斜二测
- 了解轴测剖视图的作图特点，能根据实物或投影图绘制物体的轴测剖视图

⊙ **本章说明** ▶▶ ▶

　　轴测图作为一种富有立体感的单面投影图，常用来说明机器的外形、内部结构或工作原理，以及绘制化工、给排水等管道系统图。练就绘制轴测图，特别是轴测草图的技能是掌握物图转换规律，提高表达能力、空间想象能力和构思创新能力的有效手段。本章的学习目标是熟练掌握轴测图的绘图技能，重点掌握正等测、斜二测的形成条件、平行投影特性、轴间角、轴向伸缩系数等基本概念，正确识别两种轴测图和了解各自的表达优势，熟练掌握轴测图的作图方法。

4.1 轴测图的基本知识

　　熟悉轴测图的形成和分类可以起到建立立体感的作用，从而为画轴测图打下基础。

4.1.1 轴测图的形成

　　图4-1（a）是长方体轴测图的原理图。

　　图4-1（b）是长方体的三面投影图。它不仅能够确定物体的形状和大小，而且画图简便。但由于这种图立体感不强，缺乏读图能力的人很难看懂。

　　图4-1（c）是长方体的轴测图。它能在一个投影面上同时反映出物体长、宽、高三个方向的尺度，比三面投影图形象生动，立体感强。但由于它不易反映物体各个表面的实形，

度量性差，作图比正投影图复杂。因此，在工程上常用轴测图作为辅助图样来表达物体的结构形状，以帮助人们看懂正投影图。

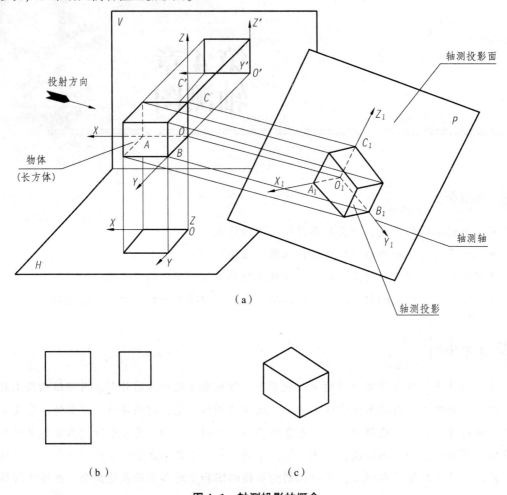

图4-1　轴测投影的概念

（a）原理图；（b）三面投影图；（c）轴测图

在图4-1（a）中，将长方体上彼此垂直的棱线分别与直角坐标系的三根坐标轴重合，该直角坐标系称为长方体的参考坐标系。在适当位置设置一个投影面 P，并选取不平行于任一坐标面的投射方向，在 P 面上作出长方体及参考坐标系的平行投影，就得到一个能同时反映长方体长、宽、高三个方向尺度的投影图，该图称为轴测图。P 面称为轴测投影面。

由此可知：轴测图就是将物体连同其参考直角坐标系一起，沿不平行于任一坐标面的方向，用平行投影法将其平行投影在单一投影面上所得到的图形。

4.1.2　轴间角和轴向伸缩系数

在图4-1（a）中，坐标轴 OX、OY、OZ 的轴测投影 O_1X_1、O_1Y_1、O_1Z_1 称为轴测轴。

相邻两轴测轴的夹角 $\angle X_1 O_1 Y_1$、$\angle X_1 O_1 Z_1$、$\angle Y_1 O_1 Z_1$ 称为轴间角。

轴测轴上的线段与坐标轴上对应的线段的长度比，称为轴向伸缩系数。各轴的轴向伸缩系数是：

（1）$p_1 = \dfrac{O_1 A_1}{OA}$，称为 x 轴的轴向伸缩系数；

（2）$q_1 = \dfrac{O_1 B_1}{OB}$，称为 y 轴的轴向伸缩系数；

（3）$r_1 = \dfrac{O_1 C_1}{OC}$，称为 z 轴的轴向伸缩系数。

由立体几何可知，与投射方向不平行的两平行线段，它们的平行投影仍然平行；且各线段的平行投影与原线段的长度比相等。由此可得出，在轴测图中，空间几何形体上的平行于坐标轴的线段，在轴测图中仍与相应的轴测轴平行；且该线段在轴测图中的长度与原线段的长度比，就是该轴的轴向伸缩系数。

4.1.3 轴测图的分类

根据投射方向对轴测投影面的相对位置不同，轴测图可分为两大类：

（1）正轴测图，投射方向垂直于轴测投影面的轴测投影（即由正投影法得到的轴测投影）；

（2）斜轴测图，投射方向倾斜于轴测投影面的轴测投影（即由斜投影法得到的轴测投影）。

每类按轴向伸缩系数不同，又可分为三种：

（1）正（或斜）等轴测图（$p_1 = q_1 = r_1$）；

（2）正（或斜）二等轴测图（$p_1 = q_1 \neq r_1$ 或 $q_1 = r_1 \neq p_1$ 或 $r_1 = p_1 \neq q_1$）；

（3）正（或斜）三测轴测图（$p_1 \neq q_1 \neq r_1$）。

工程上常见的轴测图有下列三种：

（1）正等轴测图，简称正等测；

（2）斜二等轴测图，简称斜二测；

（3）正二等轴测图，简称正二测。

这里只介绍工程上用得较多的正等测和斜二测的画法。

4.2 正等轴测图

通过理解轴间角和轴向伸缩系数，学会作平行于坐标面的平面的正等轴测图，最终学会平面立体和曲面立体正等轴测图的画法。

4.2.1　正等轴测图的形成、轴间角和轴向伸缩系数

如图4-2（a）所示，投射方向垂直于轴测投影面，而且参考坐标系的三根坐标轴对投影面的倾角都相等，在这种情况下画出的轴测图称为正等轴测图，简称正等测。

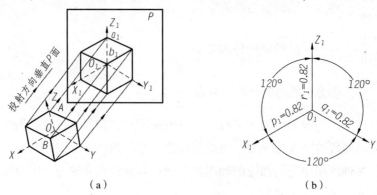

图4-2　正等轴测图

（a）正等测的形成；（b）轴间角和轴向伸缩系数

可以证明，正等测的轴间角都相等，如图4-2（b）所示，即

$$\angle X_1 O_1 Y_1 = \angle X_1 O_1 Z_1 = \angle Y_1 O_1 Z_1 = 120°$$

各轴的轴向伸缩系数都相等，即 $p_1 = q_1 = r_1 \approx 0.82$。在实际作图中，为了作图简便，避免计算，常采用简化轴向伸缩系数，即

$$p = q = r = 1$$

采用简化轴向伸缩系数作图时，沿各轴向的所有尺寸都用实长量度，比较简便。用简化轴向伸缩系数画出的图形比按真实投影（轴向伸缩系数约为0.82）画出的图形沿各轴向的长度都放大了约1.22倍（1/0.82≈1.22）。

4.2.2　平面立体正等轴测图的画法

1. 坐标法

根据物体形体结构特点，先选定坐标原点和坐标轴的位置，再确定相应轴测轴的位置，然后根据物体上的某些特定点的坐标，确定其在轴测轴上的位置，进而确定物体上的线和面，逐步完成全图，这种画法叫作坐标法。坐标法的作图特点是根据平面立体表面各顶点的坐标，分别画出它们的轴测投影，然后依次连接各顶点，从而画出平面立体表面的轮廓线。坐标法是绘制轴测图的基本方法，它适用于任何形状的物体，也适用于其他种类的轴测图。

例4-1　根据正六棱柱的投影图，画出正六棱柱的正等轴测图。

解： 作图步骤如下。

（1）在视图上确定坐标轴，因为正六棱柱顶面和底面都是处于水平位置的正六边形，取顶面六边形的中心为坐标原点 O，通过顶面中心 O 的轴线为坐标轴 X、Y，高度方向的坐

标轴取为 Z，如图4-3（a）所示；

（2）作轴测轴，在 X_1 轴上沿原点 O_1 的两侧分别取 $a/2$ 得到 1_1 和 4_1 两点，在 Y_1 轴上点 O_1 两侧分别取 $b/2$ 得到 7_1 和 8_1 两点，如图4-3（b）所示；

（3）过 7_1 和 8_1 作 X_1 轴的平行线，并在其上定出 2_1、3_1、5_1、6_1 各点，最后连成顶面六边形，如图4-3（c）所示；

（4）由 6_1、1_1、2_1、3_1 各点向下作 Z_1 轴的平行线段，使长度为 H，得六棱柱可见的各端点，如图4-3（d）所示；

（5）用直线连接各点并描深，完成正六棱柱的正等轴测图，如图4-3（e）所示。

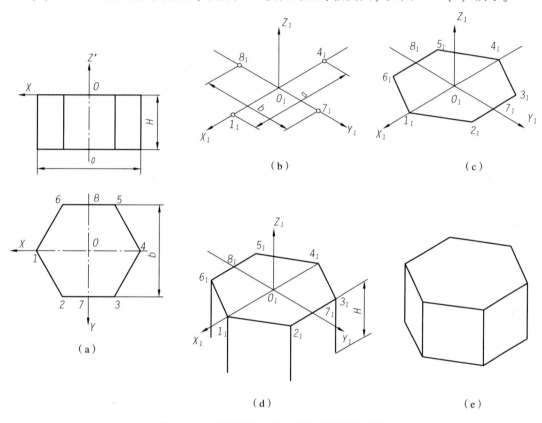

图4-3　用坐标法绘制正六棱柱的正等轴测图

2. 切割法

切割法适用于带切面的平面立体，它以坐标法为基础，先用坐标法画出完整平面立体的轴测图，然后用挖切方法逐步画出各个切口部分。

例4-2　作出图4-4（a）所示立体的正等轴测图。

解：从所示投影图分析可知，该立体是在长方形箱体的基础上，逐步切去左上方的四棱柱、右前方的三棱柱和左下端的四棱柱后形成的。绘图时先用坐标法画出长方形箱体，然后逐步切去各个部分，绘图步骤如图4-4所示。

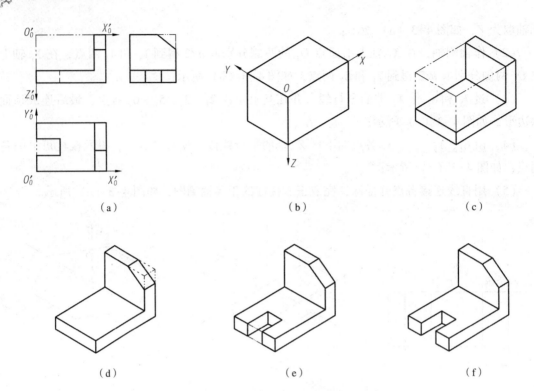

图 4-4　用切割法绘制立体的正等轴测图

（a）选坐标系；（b）画长方体；（c）切去左上部四棱柱；（d）切去右前部三棱柱；

（e）切去左端部四棱柱；（f）整理完成全图

3. 叠加法

叠加法适用于叠加而形成的组合体，它依然以坐标法为基础，根据各基本体所在的坐标，分别画出各立体的轴测图。

例 4-3　作出图 4-5（a）所示组合体的轴测图。

解： 该组合体由底板 I、背板 II、右侧板 III 三部分组成。利用叠加法，分别画出这三部分的轴测投影，擦去看不见的图线，即得该组合体的轴测图。其作图步骤如下：

（1）在视图上定坐标轴，将组合体分解为三个基本形体，如图 4-5（a）所示；

（2）画轴测轴，沿轴向分别量取坐标 x_1、y_1 和 z_1，画出形体 I，如图 4-5（b）所示；

（3）根据坐标 x_1、y_2 和 z_2 画出形体 II，根据坐标 x_3 和 z_3 切割形体 II，如图 4-5（c）所示；

（4）根据坐标 x_2 画出形体 III，如图 4-5（d）所示；

（5）擦去作图线，描粗加深，如图 4-5（e）所示。

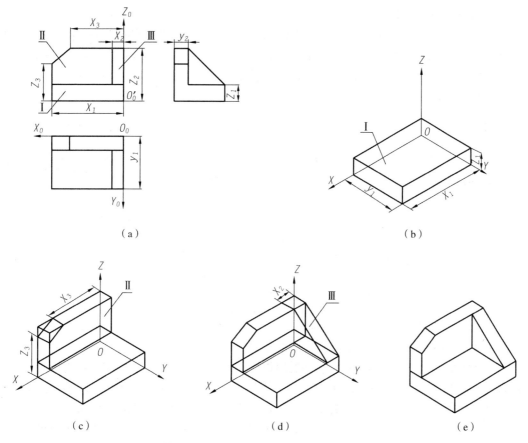

（a）　　　　　　　　　　　　　　　　（b）

（c）　　　　　　　　　（d）　　　　　　　　　（e）

图4-5　用叠加法绘制组合体的正等轴测图

4.2.3　曲面立体正等轴测图的画法

曲面立体表面除了直线轮廓线外，还有曲线轮廓线，工程中用得最多的曲线轮廓线就是圆或圆弧。要画曲面立体的轴测图必须先掌握圆和圆弧的轴测图画法。

1. 平行于坐标面的圆的正等轴测图

根据正等轴测图的形成原理可知，平行于坐标面的圆的正等轴测图是椭圆。图4-6表示按简化轴向伸缩系数绘制的分别平行于 XOY、XOZ 和 YOZ 三个坐标面的圆的正等轴测投影。这三个圆可视为处于同一个立方体的三个不同方位的表面上，对该图分析后不难得出如下结论。

（1）直径相同平行于坐标面的圆的正等轴测椭圆的形状和大小完全相同。

（2）椭圆的方位因不同的坐标面而不同，其中椭圆的长轴垂直于与圆平面相垂直的坐标轴的轴测投影（轴测轴），而短轴则平行于这条轴测轴。例如，平行于 XOY 坐标面圆的正等椭圆的长轴垂

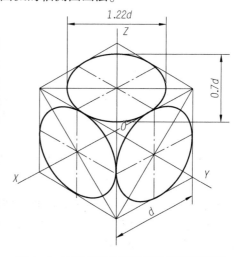

图4-6　平行于坐标面的圆的正等轴测图

直 Z 轴，而短轴则与 Z 轴平行。

绘图时，为了简化作图，通常采用四段圆弧连接成近似椭圆的作图方法，由于图中四段圆弧的圆心和半径是根据椭圆的外切菱形求得的，因而称为菱形四心法，如图 4-7 所示。以 XOY 坐标面上的圆为例，说明了这种近似画法的作图步骤。画其他坐标面上的圆时，应注意长短轴的方向。

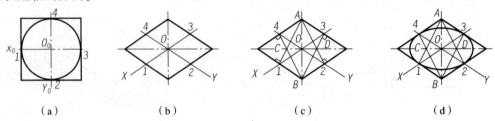

图 4-7 菱形四心法绘制圆的正等轴测图

(a) 选坐标系，作圆的外切正方形；(b) 作正方形轴测投影及对角线；(c) 连点定圆心及切点；
(d) 画出四段圆弧，连成近似椭圆

2. 回转体的正等轴测图

对于回转体的正等轴测图，只需画出上、下底面的椭圆，作二椭圆的公切线即可获得。

例 4-4 作出图 4-8 (a) 所示圆柱体的正等轴测图。

解：从投影图可知，这是一个直立的圆柱体，顶圆、底圆都是水平圆，可以取顶圆的圆心为原点，选取如图 4-8 (a) 所示坐标轴。用近似法画出顶圆的轴测投影椭圆后，为简化作图，可将绘制该椭圆各段圆弧的圆心沿 Z 轴向下移动一个柱高的距离，就可以得到绘制下底椭圆各段圆弧的圆心位置，如图 4-8 (b) 所示。判别可见性后，只画出底圆可见部分的轮廓，具体作图结果如图 4-8 (c) 所示。应该注意的是，两椭圆的切线即为圆柱面的轮廓线。

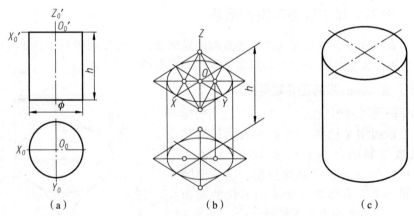

图 4-8 圆柱体的正等轴测图的绘制

(a) 选坐标系；(b) 画顶圆、底圆及轮廓线；(c) 作图结果

例 4-5 作出图 4-9 所示圆角的正等轴测图。

解：形体经常有部分圆角结构，如图 4-9 (a) 所示立体上的 1/4 圆柱面结构，绘图时，可先按方角画出，再根据圆角半径，参照圆的正等轴测椭圆的近似画法，定出近似轴测投影圆弧的圆心，从而完成圆角的正等轴测图。具体作图步骤如图 4-9 所示，图中尤其应注意的是圆角切点处的垂线，两垂线的交点是所绘圆弧的圆心。

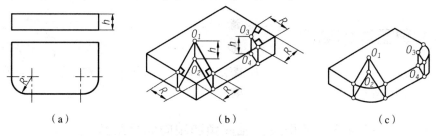

（a）　　　　　　　　　　（b）　　　　　　　　　　（c）

图4-9　圆角的正等轴测图的绘制

（a）已知条件；（b）画长方体正等测图，定出顶底面的圆心和切点；（c）画圆弧及外公切线，完成圆角作图

对于曲面立体上其他形状的曲线轮廓，可在曲线上定出各点的坐标，逐点作出其轴测投影，然后光滑连接，即可作出它们的轴测投影图。

4.2.4　组合体正等轴测图的画法

画组合体的正等轴测图时，先用形体分析法分解组合体，按分解后的形体及其相对位置，依次画出它们的正等轴测图。作图过程中要注意各个形体的结合关系。最后整理加深，完成组合体的正等轴测图。

例4-6　作出如图4-10（a）所示支架的正等轴测图。

解：作图步骤如图4-10所示。

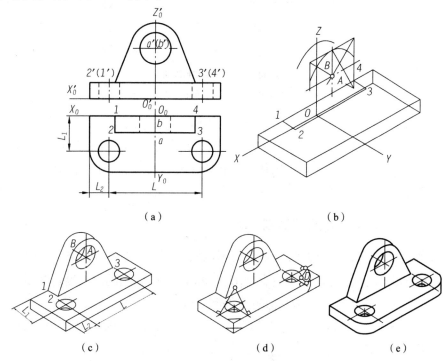

（a）　　　　　　　　　　　　　　　（b）

（c）　　　　　　　　　　（d）　　　　　　　　　　（e）

图4-10　组合体的正等轴测图的绘制

（a）根据两视图定坐标系；（b）画底板，并定出竖板圆心；（c）画出各椭圆，并完成竖板；

（d）完成底板左右圆角；（e）擦去作图线，描深

4.3 斜二等轴测图

通过理解轴间角和轴向伸缩系数，从而学会平行于坐标面的平面的斜二测的画法，最终学会组合体的斜二测的画法。

4.3.1 斜二等轴测图的形成、轴间角和轴向伸缩系数

在斜轴测投影中，投射方向倾斜于轴测投影面。若将物体的一个坐标面 XOZ 放置成与轴测投影面平行，按一定的投射方向进行投影，则所得的图形称为斜二等轴测图，简称斜二测。

斜二测的轴间角是：$\angle X_1O_1Y_1 = \angle Y_1O_1Z_1 = 135°$，$\angle X_1O_1Z_1 = 90°$，其中 O_1Z_1 轴规定画成铅垂方向。斜二测的轴向伸缩系数是：$p_1 = r_1 = 1$，$q_1 = 1/2$，如图 4-11 所示。

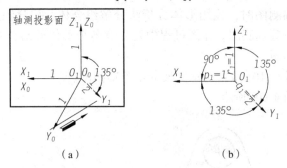

图 4-11 斜二测的轴测轴

（a）轴测轴的形成；（b）轴间角和轴向伸缩系数

由平行投影的实形性可知，平行于 $X_1O_1Z_1$ 平面的任何图形，在斜二测上均反映实形。因此平行于 $X_1O_1Z_1$ 坐标面的圆和圆弧，其斜二测仍是圆和圆弧，由此可见，斜二测主要用于表示仅在一个方向上有圆或圆弧的物体，当物体在两个或两个以上方向有圆或圆弧时，通常采用正等测的方法绘制轴测图。

4.3.2 平行于坐标面的圆的斜二测

图 4-12 画出了立方体表面上的三个内切圆的斜二测，平行于坐标面 $X_1O_1Z_1$ 的圆的斜二测，仍是大小相同的圆；平行于坐标面 $X_1O_1Y_1$ 和 $Y_1O_1Z_1$ 的圆的斜二测是椭圆。

作平行于坐标面 $X_1O_1Y_1$ 和 $Y_1O_1Z_1$ 的圆的斜二测时，可用八点法作椭圆。图 4-12 表示了平行于坐标面 $X_1O_1Y_1$ 的圆的斜二测椭圆的画法。同样地，也可以作出平行于坐标面 $Y_1O_1Z_1$ 的圆的斜二测椭圆。

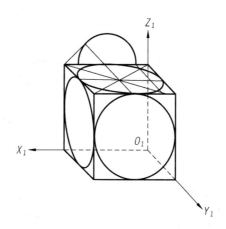

图 4-12　平行于坐标面的圆的斜二测

作平行于坐标面 $X_1O_1Y_1$ 或 $Y_1O_1Z_1$ 的圆的斜二测椭圆，也可用由四段圆弧相切拼成的近似椭圆，但较麻烦，所以通常就用八点法绘制。用八点法绘椭圆时，要使用曲线板将八个点连成椭圆，也不是很方便，所以当物体只有平行于坐标面 $X_1O_1Z_1$ 的圆时，采用斜二测最有利。当有平行于坐标面 $X_1O_1Y_1$ 或 $Y_1O_1Z_1$ 的圆时，则最好避免选用斜二测画椭圆，而以选用正等测为宜。

4.3.3　画法举例

作轴测图时，在物体上有比较多的平行于坐标面 $X_1O_1Z_1$ 的圆或曲线的情况下，常选用斜二测，作图较为方便。

画物体斜二测的方法和步骤与正等测相同。

例 4-7　作图 4-13 所示圆台的斜二测。

解：（1）形体分析，确定坐标轴。

如图 4-13 所示，这是一个具有同轴圆柱孔的圆台，圆台的前、后端面放成平行于坐标面 $X_1O_1Z_1$（见图 4-14）的位置，作图就很方便。

取后端的圆心为原点，确定图中所附加的坐标轴。

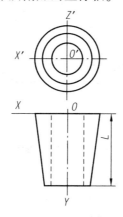

图 4-13　带有圆柱孔的圆台的两视图

（2）作图过程如图4-14所示。

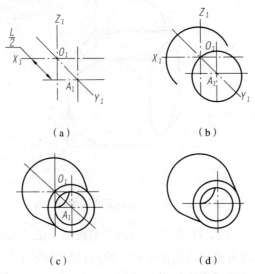

（a）　　　　　　　　　　　（b）

（c）　　　　　　　　　　　（d）

图4-14　作带有圆柱孔的圆台的斜二测

（a）建立轴测轴，并在 Y_1 轴上量取深 $L/2$，定出前端面圆的圆心 A_1；

（b）画出前、后两个端面的斜二测，分别仍是反映实形的圆；

（c）作两端大圆的公切线以及前、后孔口的可见部分；

（d）擦去作图线，作图完成

例4-8　作图4-15（a）所示正四棱台的斜二测。

解： 作图过程如下。

（1）建立轴测轴，画出底平面的斜二测，如图4-15（b）所示；

（2）在 Z 轴上量取四棱台高 H，作顶面的斜二测，如图4-15（c）所示；

（3）连接各可见棱线，整理描深得正四棱台的斜二测，如图4-15（d）所示。

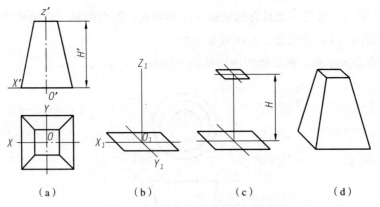

（a）　　　　（b）　　　　（c）　　　　（d）

图4-15　作正四棱台的斜二测

例4-9　作图4-16（a）所示组合体的斜二测。

解： 作图过程如下。

（1）建立轴测轴，画正面形状，如图4-16（b）所示；

（2）按 O_1Y_1 轴方向画 45°平行斜线，截取斜线长度为 $0.5Y$，如图 4-16（c）所示；

（3）圆心向后斜移 $0.5Y$，画出后面的圆弧，并作前后圆弧的切线，图 4-16（d）即为所求的斜二测。

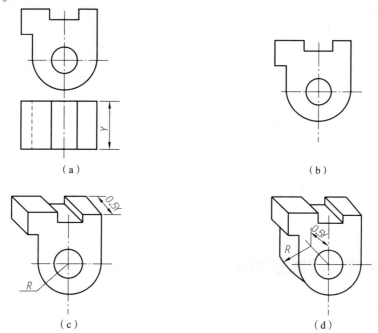

图 4-16　作组合体的斜二测

例 4-10　作图 4-17 所示组合体的斜二测。

解：（1）形体分析，确定坐标轴。

如图 4-17 所示，组合体由一块底板、一块竖板和一块支撑三角板叠加而成。为作图方便，可先画出底板，再画竖板，最后画支撑三角板。取底板左前方为原点，确定图中所附加的坐标轴。

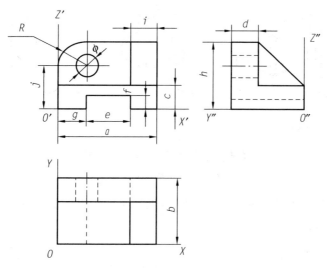

图 4-17　组合体的三视图附加的坐标轴

（2）作图过程如图4-18所示。

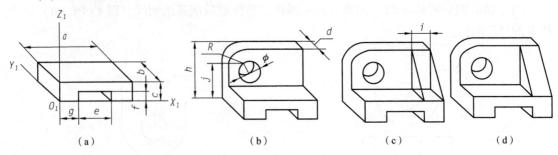

图4-18　作组合体的斜二测

（a）按三视图中确定的轴向建立轴测轴，由三视图中所标注的尺寸 a、b、c 画出底板，由尺寸 e、f、g 画出底部的通槽；

（b）由尺寸 d、h 和 R、j 在底板的后上方画出竖板，由尺寸 ϕ 画出竖板上的圆柱通孔；

（c）由尺寸 i 在竖板和底板面的右端画出支撑三角板；（d）擦去作图线，描深

4.4　轴测剖视图的画法

通过理解轴测图的剖切方法，学会画轴测剖视图。

4.4.1　轴测图的剖切方法

在轴测图上为了表达零件内部的结构形状，同样可假想用剖切平面将零件的一部分剖去，这种剖切后的轴测图称为轴测剖视图。一般用两个互相垂直的轴测坐标面（或其平行面）进行剖切，能较完整地显示该零件的内、外形状，如图4-19（a）所示。尽量避免用一个剖切平面剖切整个零件，如图4-19（b）所示，或选择不正确的剖切位置，如图4-19（c）所示。

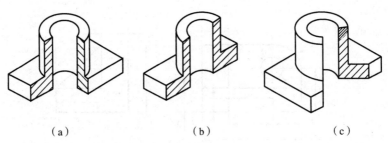

图4-19　轴测图剖切的正误方法

（a）正确；（b）、（c）错误

轴测剖视图中的剖面线方向，应按图4-20所示方向画出。正等测如图4-20（a）所示，斜二测如图4-20（b）所示。

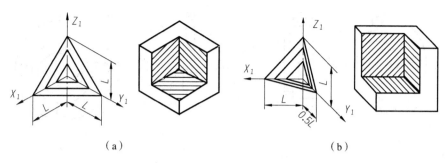

图 4-20 轴测剖视图中的剖面线方向

（a）正等测；（b）斜二测

4.4.2 轴测剖视图的画法

轴测剖视图一般有两种画法。

（1）先把物体完整的轴测外形图画出，然后沿轴测轴方向用剖切平面将它剖开。如图 4-21（a）所示底座，要求画出它的正等轴测剖视图。先画出它的外形轮廓，如图 4-21（b）所示，然后沿 X_1、X_2 轴向分别画出其剖面形状，擦去被剖切掉的 1/4 轮廓，再补画上剖切后下部孔的轴测投影，并画上剖面线，即完成该底座的轴测剖视图，如图 4-21（c）所示。

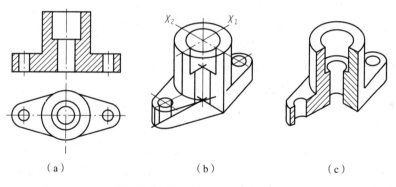

图 4-21 轴测剖视图画法（一）

（2）先画出剖面的轴测投影，然后画出剖面外部看得见的轮廓，这样可减少很多不必要的作图线，使作图更为迅速。如图 4-22（a）所示的端盖，要求画出它的斜二等轴测剖视图。由于该端盖的轴线处在正垂线位置，故采用通过该轴线的水平面及侧平面将其左上方剖切掉 1/4。先分别画出水平剖切平面及侧平剖切平面剖切所得剖面的斜二测，如图 4-22（b）所示，用细点画线确定前后各表面上各个圆的圆心位置，然后过各圆心作出各表面上未被剖切的 3/4 圆弧，并画上剖面线，即完成该端盖的轴测剖视图，如图 4-22（c）所示。

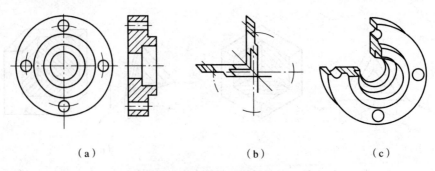

（a）　　　　　　　　　　（b）　　　　　　　　　　（c）

图4-22　轴测剖视图画法（二）

小　结

　　轴测图是根据平行投影原理绘制的图形，它具有平行投影的一般性质（如平行关系不变等）。轴测图与多面正投影图之间，通过坐标轴的对应关系（包括方向关系和轴向长度的比例关系），建立其内在联系。学习过程中，要牢牢抓住轴测图的上述性质和特点。本章以轴测图的作图练习为主，有关轴间角和轴向伸缩系数等理论推导不作要求。

　　本章内容要点如下。

　　1. 轴测图是根据平行投影原理绘制的图形，它具有平行投影的一般性质，如平行关系不变、平行线段的长度比不变等。

　　2. 建立三面投影体系中的投影轴（或坐标轴）与轴测轴的对应关系（包括方向关系和轴向长度的比例关系）是轴测图作图的关键。

　　3. 只有平行于坐标轴的线段才能沿轴向直接度量；而与坐标轴不平行的线段，必须根据其端点的坐标，定出端点的位置后才能连线。

　　4. 绘制平行于不同坐标面的圆的正等轴测图，关键要掌握椭圆长、短轴的方向及其与正投影图的对应关系。

　　5. 作简便斜二等轴测图时，Y 轴的轴向伸缩系数 $q=0.5$，度量时要注意。

　　6. 凡与 XOZ 坐标面平行的平面，其斜二等轴测投影仍反映实形。因此，对于某一表面具有复杂形状的物体，选用简便斜二等轴测图是最佳方案，此时应将该表面平行于轴测投影面。

练习题

　　1. 轴测图是如何形成的？轴测图与多面正投影图相比有哪些优点和缺点？

　　2. 试画出正等测、斜二测的轴测轴，说明它们轴间角、轴向伸缩系数各有什么特点。

　　3. 正等测中，椭圆的长、短轴的方向和大小如何确定？怎样用近似画法画椭圆？

　　4. 画轴测图中的圆角、圆弧可采用什么方法？

　　5. 凸台、凹坑和长圆孔的轴测图有何特点？

　　6. 平行于哪一个坐标面上的圆，在斜二测中仍为圆，且大小相等？什么样的形体适合采用斜二测表达？

第5章
标准件与常用件

🛞 **本章要点** ▶▶ ▶

- 螺纹的规定画法和标注方法
- 螺纹紧固件的画法及装配画法
- 直齿圆柱齿轮及其啮合画法
- 键、销、滚动轴承、弹簧的画法

🛞 **本章说明** ▶▶ ▶

在各种机器和仪器上，常见的标准件有螺栓、螺钉、螺母、垫圈、销和滚动轴承等。这些零件的使用量很大，因此对它们的结构、尺寸和画法，在国家标准中都作了统一的规定。这样便于制造和使用，降低成本，简化制图工作。还有一类常见的零件如齿轮、弹簧等，这些零件当中的某些结构和尺寸也已标准化，称之为常用件。本章主要讲述上述标准件和常用件的基本知识和规定画法。

如图5-1所示，在机器中输油用的齿轮油泵的轴测图中，泵体、端盖、传动齿轮轴等，都是一般零件，而螺钉、螺栓、螺母、垫圈、键、销等属于标准件，齿轮属于常用件。类似于这样的标准件和常用件在机械零件中的应用非常广泛，那么，如何在工程图样中去表述它们，以及它们在零件的生产应用中担负什么样的作用，通过本章的学习我们将会找到答案。

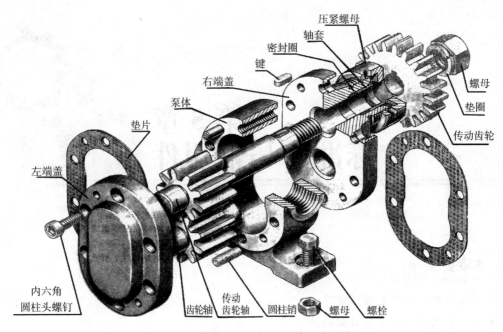

图 5-1　齿轮油泵中的标准件和常用件

5.1　螺纹

螺纹是零件上常见的一种结构，并且在零件中主要起到紧固和传动的作用。学习螺纹须掌握其基本知识、种类划分，以及画法和标注方法。

5.1.1　螺纹的形成、主要参数和结构

1. 螺纹的形成

螺纹是指在圆柱或圆锥表面上，沿着螺旋线形成的、具有规定牙型断面的连续凸起，如图 5-2（a）所示。凹陷的部分称为螺纹沟槽。在圆柱（或圆锥）外表面上所形成的螺纹称外螺纹；在圆柱（或圆锥）内表面上所形成的螺纹称内螺纹；两者旋合组成螺纹副或螺旋副，起连接或传动作用。螺纹的加工方法很多，在车削螺纹时，工件夹紧在车床的卡盘中，绕轴线作等速旋转，车刀沿工件轴线方向作等速移动，当车刀切入工件到一定深度后，工件在表面上便车出螺纹。图 5-3（a）表示在车床上车削外螺纹的情况，内螺纹也可以在车床上车削。加工直径较小的螺孔时，可如图 5-3（b）所示，先用钻头钻出光孔，再用丝锥攻螺纹。由于钻头端部接近 120°，所以孔的锥顶角画成 120°。

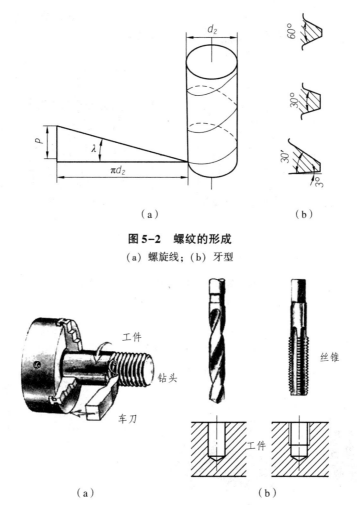

图 5-2 螺纹的形成

（a）螺旋线；（b）牙型

图 5-3 螺纹加工方法示例

（a）车削外螺纹；（b）加工内螺纹

2. 螺纹的主要参数

内、外螺纹旋合时，螺纹的下列参数必须一致。

（1）牙型。在通过螺纹轴线的断面上，螺纹的轮廓形状称为螺纹牙型。常见的螺纹牙型有三角形、梯形、锯齿形和矩形等，如图 5-2（b）所示。不同牙型的螺纹，有不同的用途。

（2）大径和小径。大径也称螺纹公称直径（螺纹的最大直径），即与外螺纹牙顶（或内螺纹牙底）相重合的假想圆柱体的直径，用 d（外螺纹）或 D（内螺纹）表示（见图5-4）。另外，与外螺纹牙底（或内螺纹牙顶）相重合的假想圆柱体的直径，称之为小径，用 d_1（外螺纹）或 D_1（内螺纹）表示（见图5-4）。

（3）线数 n。如图 5-5 所示，螺纹有单线和多线之分：沿一条螺旋线形成的螺纹为单线螺纹；沿轴向等距分布的两条或两条以上的螺旋线所形成的螺纹为多线螺纹。

（4）螺距 p 和导程 S。螺纹相邻两牙在中径线上对应两点间的轴向距离，称为螺距；同一条螺旋线上的相邻两牙在中径线上对应两点间的轴向距离，称为导程。单线螺纹的导程等于螺距，即 $S=p$，如图 5-5（a）所示；多线螺纹的导程等于线数乘以螺距，即 $S=np$，图 5-5（b）为双线螺纹，其导程等于螺距的两倍，即 $S=2p$。

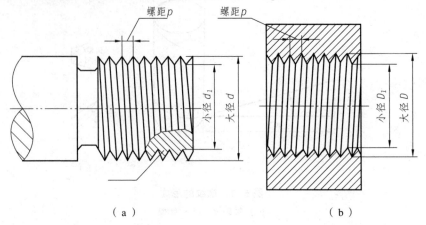

图 5-4　螺纹的牙型、大径、小径和螺距

（a）外螺纹；（b）内螺纹

（5）旋向。螺纹分右旋和左旋两种，如图 5-6 所示。顺时针旋转时旋入的螺纹，称为右旋螺纹；逆时针旋转时旋入的螺纹，称为左旋螺纹。工程上常用右旋螺纹。

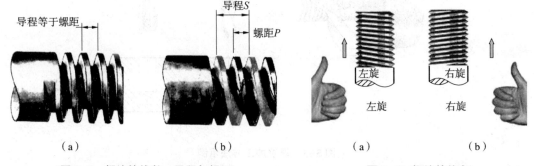

图 5-5　螺纹的线数、导程与螺距

（a）单线螺纹；（b）双线螺纹

图 5-6　螺纹的旋向

（a）左旋螺纹；（b）右旋螺纹

改变上述各项参数中的任何一项，就会得到不同规格和不同尺寸的螺纹。为了便于设计计算和加工制造，国家标准对有些螺纹（如普通螺纹、梯形螺纹等）的牙型、直径和螺距，都作了规定。凡是这三项都符合标准的，称为标准螺纹。而牙型符合标准，直径或螺距不符合标准的，称为特殊螺纹，标注时，应在牙型符号前加注"特"字。对于牙型不符合标准的，如方牙螺纹，称为非标准螺纹。

3. 螺纹的结构

图 5-7 画出了螺纹的末端、收尾和退刀槽。

（1）螺纹的末端。为了便于装配和防止螺纹起始圈损坏，常将螺纹的起始处加工成一定的形式，如倒角、倒圆等，如图 5-7（a）所示。

（2）螺纹的收尾和退刀槽。车削螺纹时，刀具接近螺纹末尾处要逐渐离开工件，因此，螺纹收尾部分的牙型是不完整的，螺纹的这一段牙型不完整的收尾部分称为螺尾，如图 5-7

（b）所示。为了避免产生螺尾，可以预先在螺纹收尾处加工出退刀槽，然后车削螺纹，如图5-7（c）所示。

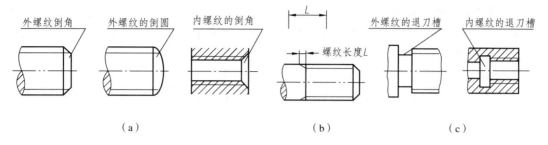

图5-7　螺纹的结构示例

（a）螺纹的倒角和倒圆；（b）螺纹收尾；（c）螺纹的退刀槽

5.1.2　螺纹的规定画法

国家标准《机械制图》规定了在机械图样中螺纹和螺纹紧固件的画法。

1. 内、外螺纹的规定画法

1）外螺纹

对于外螺纹，螺纹牙顶所在的轮廓线（大径）画成粗实线；螺纹牙底所在的轮廓线（小径）画成细实线，螺杆的倒角或倒圆部分也应画出。小径通常画成大径的0.85倍（但大径较大或画细牙螺纹时，小径数值可查阅有关标准），如图5-8中的主视图所示。在垂直于螺纹轴线的投影面上的视图中，表示牙底的细实线只画约3/4圈，此时倒角省略不画，如图5-8中的左视图所示。

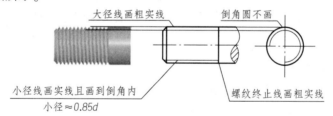

图5-8　外螺纹的规定画法

2）内螺纹

对于内螺纹，在剖视图中，螺纹牙顶所在的轮廓线（小径），画成粗实线；螺纹牙底所在的轮廓线（大径），画成细实线，如图5-9中的主视图所示。对于不可见的内螺纹，所有图线均按虚线绘制，如图5-10所示。

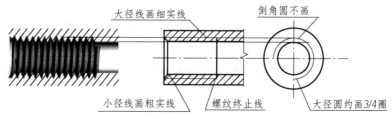

图5-9　内螺纹的规定画法

如图 5-9 和图 5-10 中的左视图所示，在垂直于螺纹轴线的投影面视图中，表示牙底的细实线圆或虚线圆，也只画约 3/4 圈，倒角也省略不画。

3）其他的一些规定画法

完整螺纹的终止界线（简称螺纹终止线）用粗实线表示，外螺纹终止线如图 5-8 所示，内螺纹终止线如图 5-9 所示。

对于不穿通的螺孔，钻孔深度应比螺孔深度大 $(0.2 \sim 0.5)d$。由于钻头的刃锥角约等于 120°，因此，钻孔底部以下的圆锥坑的锥角应画成 120°，不要画成 90°，如图 5-11 所示。

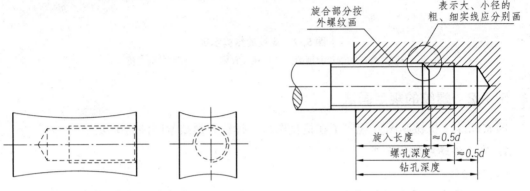

图 5-10　不可见的内螺纹画法　　　　图 5-11　螺纹连接的规定画法

无论是外螺纹或内螺纹，在剖视图或剖面图中的剖面线都必须画到粗实线。

2. 螺纹连接的规定画法

当用剖视图表示内、外螺纹连接时，其旋合部分应按外螺纹绘制，其余部分仍按各自的画法表示。应该注意的是：表示大、小径的粗实线和细实线应分别对齐，而与倒角的大小无关，如图 5-11 所示。

3. 螺纹牙型的表示法

当需要表示螺纹的牙型时，可按图 5-12（a）所示的局部剖视图或按图 5-12（b）所示的局部放大图的形式绘制。

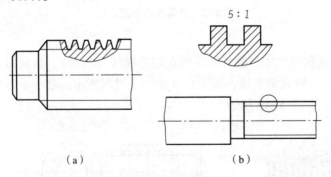

5∶1

（a）　　　　　　　　（b）

图 5-12　螺纹牙型的表示法

（a）局部剖视图；（b）局部放大图

5.1.3 常见螺纹的种类和标注

螺纹按用途可分为两大类：连接螺纹和传动螺纹。前者起连接作用，后者用于传递动力和运动。

螺纹按照国标的规定画法画出后，图上并未表明牙型、公称直径、螺距、线数和旋向等要素，故需用标记或标注代号来说明。各种常用螺纹的标注方式及示例如表 5-1 所示。

表 5-1　常用螺纹的标注方式及示例

螺纹种类		牙型放大图	特征代号	标记示例	说明
连接螺纹	普通螺纹		M	粗牙 M20-6g	粗牙普通螺纹，公称直径 20 mm，右旋。螺纹公差带：中径大径均为 6 g。旋合长度中等
				细牙 M20×1.5-7H-L	细牙普通螺纹，公称直径 20 mm，螺距为 1.5 mm，右旋。螺纹公差带：中径大径均为 7H。旋合长度属于长的一组
	管螺纹		G	55°非密封管螺纹 G1/2A	55°非密封外管螺纹，尺寸代号 1/2，公差等级为 A 级，右旋。用引出标注
			RP R₁ Rc R₂	55°密封管螺纹 Rc1½	55°密封的与圆锥外螺纹旋合的圆锥内螺纹，尺寸代号 1½，用引出标注。与圆柱内螺纹相配合的圆锥外螺纹的特征代号为 R₁；与圆锥内螺纹相配合的圆锥外螺纹的特征代号为 R₂；圆锥内螺纹的特征代号为 Rc；圆柱内螺纹的特征代号为 Rp
传动螺纹	梯形螺纹		Tr	TY40×14(P7)LH-7H	梯形螺纹，公称直径 40 mm，双线螺纹，导程 14 mm，螺距 7 mm，左旋。中径公差为 7H。旋合长度中等
	锯齿形螺纹		B	B32×6-7e	锯齿形螺纹，公称直径为 32 mm，单线螺纹，螺距 6 mm，右旋。中径公差为 7e。旋合长度中等

1. 连接螺纹

常用的连接螺纹有普通螺纹（包括粗牙普通螺纹和细牙普通螺纹）和非密封的管螺纹。普通螺纹的牙型为等边三角形（牙型角为60°）。细牙和粗牙的区别是在大径相同的条件下，细牙螺纹比粗牙螺纹的螺距小。管螺纹的牙型为等腰三角形（牙型角为55°），多用于管件和薄壁零件的连接，其螺距和牙型均较小。

1）普通螺纹

普通螺纹的完整标记由螺纹代号、螺纹公差带代号和螺纹旋合长度代号所组成。

（1）螺纹代号。粗牙普通螺纹的代号用牙型符号"M"及"公称直径"表示；细牙普通螺纹的代号用牙型符号"M"及"公称直径×螺距"表示。

例如："M24"表示公称直径为24 mm的粗牙普通螺纹；"M24×1.5"表示公称直径为24 mm，螺距为1.5 mm的细牙普通螺纹。

（2）螺纹公差带代号和螺纹旋合长度代号。螺纹公差带代号包括中径公差带代号和顶径（指外螺纹大径和内螺纹小径）公差带代号，小写字母指外螺纹，大写字母指内螺纹。若中径公差带代号和顶径公差带代号相同，则只标注一个代号。螺纹公差带按短（S）、中（N）、长（L）三组旋合长度给出了精密、中等、粗糙三种精度，可按GB/T 197—2018选用。在一般情况下不标注旋合长度，其螺纹公差带按中等旋合长度（N）确定；必要时加注旋合长度代号S或L。螺纹代号、螺纹公差带代号和螺纹旋合长度代号之间，分别用"-"分开。当螺纹为左旋时，在螺纹旋合长度代号之后标注"LH"；右旋时，不标注。

例如："M20×2-6H-LH"表示公称直径为20 mm，螺距为2 mm，中径和小径公差带皆为6H，旋合长度中等，左旋的细牙普通螺纹（内螺纹），"M10-5g6g-S"表示公称直径为10 mm，中径公差带为5 g，大径公差带为6 g，旋合长度属于短的一组，右旋的粗牙普通螺纹（外螺纹）。

2）非密封的管螺纹

管螺纹是英寸制的，标记时应标注螺纹特征代号（牙型符号）、尺寸代号及公差等级；当螺纹为左旋时，应在最后加注"LH"，并用"-"隔开。尺寸代号与带有外螺纹管子的孔径相近，而不是管螺纹的大径。其大径、小径和螺距可由尺寸代号从相关标准中查得。

2. 传动螺纹

常用的传动螺纹为梯形标准螺纹，其牙型为等腰梯形，牙型角为30°，其标记由螺纹代号、公差带代号及旋合长度代号组成。

1）螺纹代号

梯形螺纹的代号由牙型符号和尺寸规格两部分组成，梯形螺纹的牙型符号为"Tr"。单线螺纹的尺寸规格用"公称直径×螺距"表示；多线螺纹用"公称直径×导程（p 螺距）"表示。当螺纹为左旋时，需在尺寸规格之后加注"LH"。

2）公差带代号和旋合长度代号

梯形螺纹的公差带代号只标注中径公差带。梯形螺纹按公称直径和螺距的大小将旋合长度分为中等旋合长度（N）和长旋合长度（L）两种。当为中等旋合长度时，不标注旋合长度代号 N；当为长旋合长度时，应在公差带代号的后面标注"L"，并用"–"隔开。

例如："Tr40×7-7H"表示公称直径为 40 mm，螺距为 7 mm 的单线右旋梯形螺纹（内螺纹），中径公差带为 7H，中等旋合长度；"Tr40×14（p7）LH-8e-L"表示公称直径为 40 mm，导程为 14 mm，螺距为 7 mm 的双线左旋梯形螺纹（外螺纹），中径公差带为 8e，长旋合长度。

5.2 螺纹紧固件及其连接

通过螺纹起连接作用的零件称为螺纹紧固件，它的种类有很多，国家标准对其结构、形式、尺寸和技术要求等都作了统一规定。在机器设计中，选用这些标准件时，不必画出它们的零件图，只需写出其标记，以便采购。

常见的螺纹紧固件有螺钉、螺栓、双头螺柱、螺母和垫圈等，如图 5-13 所示。螺纹紧固件均已标准化，由专业工厂大量生产。根据螺纹紧固件的规定标记，即可在相应的标准中，查出有关的尺寸。因此，对符合标准的螺纹紧固件，不需再详细画出它们的零件图。

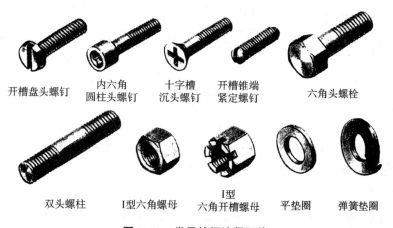

开槽盘头螺钉　　内六角圆柱头螺钉　　十字槽沉头螺钉　　开槽锥端紧定螺钉　　六角头螺栓

双头螺柱　　Ⅰ型六角螺母　　Ⅰ型六角开槽螺母　　平垫圈　　弹簧垫圈

图5-13　常见的螺纹紧固件

5.2.1　螺钉连接

螺钉按用途分为连接螺钉和紧定螺钉两类。前者用来连接零件，后者主要用来固定零件。表 5-2 是图 5-13 中常用螺纹紧固件的标记示例。

表 5-2　常用螺纹紧固件的标记示例

名称及视图	规定标记示例	名称及视图	规定标记示例
开槽盘头螺钉　M10　45	螺钉 GB/T 67 M10×45	双头螺柱　M12　50	螺柱 GB/T 899 M12×50
内六角圆柱头螺钉　M16　40	螺钉 GB/T 70.1 M16×40	I 型六角螺母　M16	螺母 GB/T 6170 M16
开槽锥端紧定螺钉　M12　40	螺钉 GB/T 71 M12×40	平垫圈 A 级　φ17	垫圈 GB/T 97.1 16—200HV
六角头螺栓　M12　50	螺栓 GB/T 5782 M12×50	标准型弹簧垫圈　φ20.5	垫圈 GB/T 93 20

注：①采用现行标准规定的各紧固件时，国标中的年号可以省略。

②在国标号后，螺纹代号前，要空一格。

③当性能等级是标准规定的某一等级时，可以省略不注明；在其他情况下则应注明。如表中的内六角圆柱头螺钉和平垫圈的标记属后者，而其他的标记则属前者。

1. 连接螺钉

连接螺钉用于连接不经常拆卸，并且受力不大的零件。在图 5-1 所示的齿轮油泵中的左右端盖和泵体，就是分别用 6 个内六角圆柱头螺钉连接的。图 5-14 所示的左端盖、垫片和泵体，都画成局部的形状。图 5-14（a）表示连接前的情况，左端盖的通孔带有圆柱形沉孔，以便螺钉的头部放入。通孔的直径应比螺钉的直径 d 稍大（孔径 $\approx 1.1d$），以便装配。设计时，沉孔和通孔的尺寸可按相关标准选用。泵体上有螺孔，以便与螺钉连接。图 5-14（b）表示连接后的装配画法，按规定将螺钉作为不剖画出。对于垫片这样的零件，当绘制图中的宽度为不超过 2 mm 的狭小面积的剖面时，宜以涂黑的方式代替剖面符号。从图 5-14（b）中还可以看出，凡不接触表面（如螺钉头与沉孔之间、螺钉大径和通孔之间），都画成两条线。

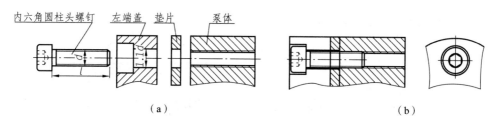

图5-14 连接螺钉的画法

（a）连接前；（b）连接后

2. 紧定螺钉

紧定螺钉用来固定两个零件的相对位置，使它们不产生相对运动。如图5-15中的轴和齿轮，用一个开槽锥端螺钉旋入轮毂的螺孔，使螺钉端部的90°锥顶角与轴上的90°锥坑压紧，从而固定了轴和齿轮的相对位置。

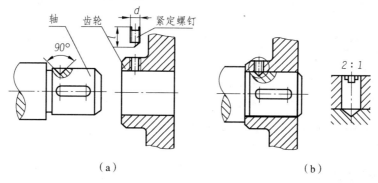

图5-15 紧定螺钉的画法

（a）连接前；（b）连接后

在螺钉连接的装配图中，螺孔部分有的是通孔，如图5-14（a）所示；有的是盲孔，如图5-16（b）所示。后者要注意120°的锥角，可以画成图5-11的形式，也可以画成图5-16（b）的形式。螺钉头部的一字槽在俯视图中画成与中心线成45°角。具体作图时，其头部按公称直径的比例用近似画法画出，如图5-17（a）中的开槽圆柱头及开槽盘头螺钉头部的近似画法和图5-17（b）中的开槽沉头螺钉头部的近似画法。

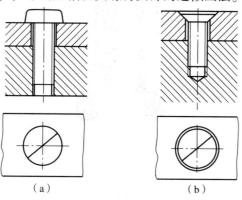

图5-16 螺钉头部一字槽画法

（a）盘头螺钉；（b）沉头螺钉

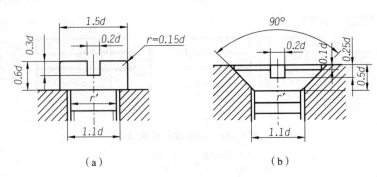

图 5-17　螺钉头部的近似画法

（a）开槽圆柱头和开槽盘头螺钉；（b）开槽沉头螺钉

3. 螺钉的规定标记

螺钉的规定标记类似于螺纹，如图 5-14 所示的螺钉，其规定标记是：

$$螺钉　GB/T 70.1　Md×l$$

它表示粗牙普通螺纹，大径为 d，长度为 l。GB/T 70.1—2008 是内六角圆柱螺钉的国标代号。

又如图 5-15 所示的螺钉，其规定标记是：

$$螺钉　GB/T 71　Md×d$$

GB/T 71—2018 是开槽锥端紧定螺钉的国标代号。螺钉的种类很多，各种螺钉的形式、尺寸及其规定标记，可查阅附录、附表中的有关标准。

5.2.2　螺栓连接

螺栓连接由螺栓、螺母、垫圈组成，用于两被连接件厚度不大，可钻出通孔的情况，如图 5-18 所示。

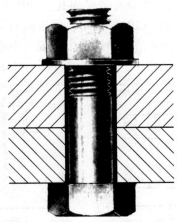

图 5-18　螺栓连接的示意

1. 螺栓连接的画法

装配时先在被连接的两个零件上钻出比螺栓直径 d 稍大的通孔（约为 $1.1d$），然后使螺栓穿过通孔，并在螺栓上套上垫圈，再用螺母拧紧。图 5-19（b）表示出了用螺栓连接两块板的装配的画法，也可采用 5-19（c）的简化画法。

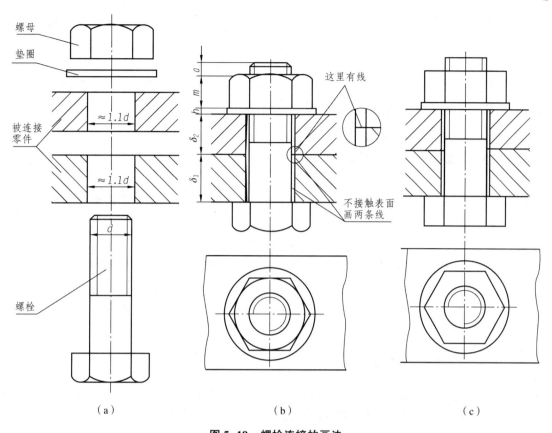

图 5-19 螺栓连接的画法

（a）连接前；（b）连接后；（c）简化画法

2. 螺栓、螺母和垫圈的近似画法

绘制螺栓连接的装配图时，可按螺栓、螺母、垫圈的规定标记，从有关的标准中查得绘图所需的尺寸。但在绘图时，为简便起见，通常按螺栓的螺纹规格、螺母的螺纹规格及垫圈的公称尺寸进行比例折算，得出各部分尺寸后按近似画法画出，如图 5-20 所示。

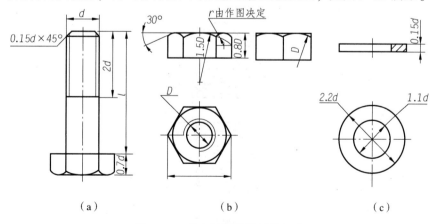

图 5-20 单个紧固件的近似画法

（a）螺栓；（b）螺母；（c）垫圈

对于螺栓的公称长度 l，应先查阅相关标准得出垫圈、螺母的 h、m，再加上被连接件的厚度等，经计算后选定。由图 5-19（b）可知：

$$l = \delta_1 + \delta_2 + h + m + a$$

其中，a 是螺栓伸出螺母的长度，一般取 $(0.2 \sim 0.3)d$。上式计算得出数值后，再从相应的螺栓标准所规定的长度系列中，选出合适的 l 值。

3. 螺栓、螺母、垫圈的规定标记

图 5-20 中螺栓、螺母、垫圈的规定标记如下：

螺栓　GB/T 5782　Md×l

表示螺纹规格为 d，公称长度为 l 的六角头螺柱，GB/T 5782—2016 是六角头螺栓的国标代号。

螺母　GB/T 6170　Md

表示螺纹规格为 D 的六角螺母，GB/T 6170—2015 是 I 型六角螺母的国标代号。

垫圈　GB/T 97.1　d

表示公称尺寸为 d（即与螺纹规格为 d 的螺栓配用）的平垫圈，GB/T 97.1—2002 是平垫圈的国标代号。

5.2.3　双头螺柱连接

双头螺柱的两端都制有螺纹，一端旋入较厚零件的螺孔中，称旋入端；另一端穿过较薄的零件上的通孔，套上垫圈，再用螺母拧紧，称为紧固端。故其常用在两被连接件之一较厚或不宜用螺栓连接的场合。由图 5-21 可看出：双头螺柱连接的上半部与螺栓连接相似，而下半部则与螺钉连接相似。

图 5-22 是双头螺柱及被连接件的近似画法，按双头螺柱的螺纹规格 d 进行比例折算。双头螺柱紧固端的螺纹长度为 $2d$，倒角为 $0.15d×45°$，旋入端的螺纹长度为 b_m。b_m 根据国标规定有四种长度，可根据螺孔的材料选用：通常当被旋入件的材料为钢和青铜时，取 $b_m = d$；为铸铁时，取 $b_m = 1.25d$ 或 $1.5d$；为铝时，取 $b_m = 2d$。螺孔的长度为 $b_m + 0.5d$，光孔长度为 $0.5d$。

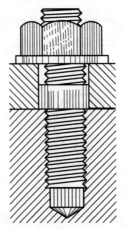

图 5-21　双头螺柱连接的示意图

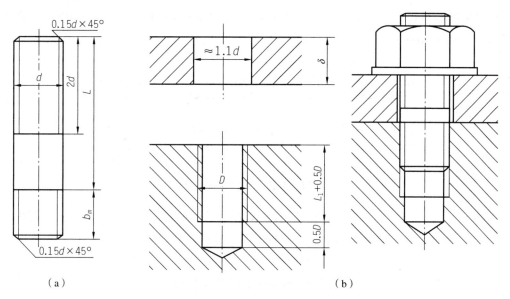

（a） （b）

图 5-22 双头螺柱及被连接件的近似画法
（a）螺柱；（b）板与螺孔

双头螺柱的型式、尺寸和规定标记，可查阅有关标准。

螺柱的有效长度 l，可参见图 5-19 和图 5-21，经过计算选定：

$$l = \delta + h + m_{\max} + a$$

其中，各数值与螺栓连接相似，计算出 l 值后，仍应从双头螺柱的标准规定的长度系列里，选取合适的 l 值。

5.3 键、销连接

键和销都是标准件，它们的结构、型式和尺寸，国家标准都有规定。使用时可查阅有关标准。

5.3.1 键

键通常用来连接轴和轴上的传动件（如齿轮、带轮等），起传递扭矩的作用。

常用的键有普通平键、半圆键、钩头楔键等，如图 5-23 所示。

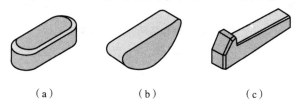

（a） （b） （c）

图 5-23 常用的键
（a）普通平键；（b）半圆键；（c）钩头楔键

普通平键的型式有 A、B、C 三种，其形状和尺寸如图 5-24 所示。在标记时，A 型平键省略 A 字，而 B 型或 C 型应写出 B 或 C 字。

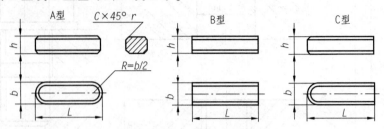

图 5-24 普通平键的形状和尺寸

键的公称尺寸是键宽 b 和键高 h。键的长度 L 应根据轮毂长，参照键的长度系列决定。

例如：$b = 16$ mm、$h = 10$ mm、$L = 100$ mm 的双圆头普通平键，应标记为

GB/T 1096 键 16×10×100

又如：$b = 18$ mm、$h = 11$ mm、$L = 100$ mm 的单圆头普通平键，应标记为

GB/T 1096 键 C 18×11×100

图 5-25（a）表示轴和齿轮的键槽及其尺寸注法。轴的键槽用轴的主视图（局部剖视）和在键槽处的移出剖面图表示。尺寸则要注键槽长度 L、键槽宽度 b 和 $d-t$（t 是轴上的键槽深度）。齿轮的键槽采用全剖视和局部剖视图表示，尺寸则应注 b 和 $d+t_1$（t_1 是齿轮轮毂的键槽深度）。b 与 t、t_1 都可按轴径（如图中的 $\phi 14$）由相关标准中查出；L 则应按长度系列值及轮毂长由相关标准选定。

图 5-25（b）表示轴和齿轮用键连接的装配图画法。剖切平面通过轴和键的轴线或对称面，轴和键均按不剖形式画出。为了表示轴上的键槽，采用了局部剖视图。键的顶面和轮毂键槽的底面有间隙，应画两条线。

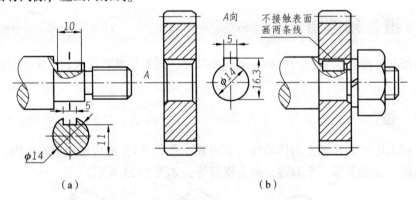

（a）   （b）

图 5-25 轴和齿轮孔的连接画法

（a）连接前；（b）连接后

▶▶ 5.3.2 销

销通常用于零件间的连接或定位。常用的销有圆柱销、圆锥销和开口销等，如图 5-26 所示。

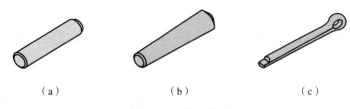

图 5-26　常用的销

（a）圆柱销；（b）圆锥销；（c）开口销

　　圆柱销的型式与尺寸如图 5-27 所示，它的具体尺寸和标记可查阅相关标准。图 5-28 为圆柱销连接的装配图画法。

　　圆锥销和开口销的型式、尺寸及标记亦可查阅有关标准，图 5-28 为圆锥销连接的装配图画法。

　　如图 5-28、图 5-29 所示，当剖切平面通过销的对称轴线时，销按不剖形式画出。

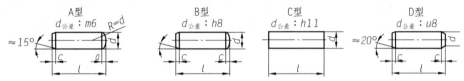

图 5-27　圆柱销的型式与尺寸

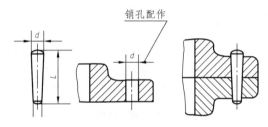

图 5-28　圆柱销连接的装配图画法

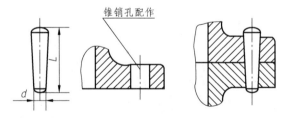

图 5-29　圆锥销连接的装配图画法

5.4　滚动轴承

　　滚动轴承是支撑轴的部件，它的摩擦阻力小，结构紧凑，是生产中广泛应用的一种标准件。

5.4.1　滚动轴承的结构、分类和代号

　　滚动轴承一般由外圈、内圈、滚动体和保持架四种元件组成，其结构如图 5-30 所示。

在一般情况下，外圈装在机座的孔内，固定不动；而内圈紧套在轴上，随轴转动。滚动体的形式有圆球、圆柱、圆锥等，排列在内、外圈之间；保持架将滚动体隔离开。

图 5-30 滚动轴承的结构

滚动轴承按照所能承受的外载荷不同可概括地分为向心轴承（主要承受径向力）、推力轴承（只承受轴向力）和向心推力轴承（可同时承受径向和轴向力）。滚动轴承的代号可查阅 GB/T 272—2017，由前置代号和基本代号组成；当轴承零件材料、结构、设计、技术条件改变时需增加补充代号。前置代号由轴承游隙代号和轴承公差等级代号组成，当游隙为基本组和公差等级为 G 级时，可省略前置代号。基本代号一般由 7 位数字组成，但在标注时，最常见的是 4 位数字。从右边数起，第一、二位数表示轴承的内径，对常用内径 $d = 20 \sim 480$ mm 的轴承，内径一般为 5 的倍数，这两位数字表示轴承内径尺寸被 5 除得的商，如 04 表示 $d = 20$ mm；12 表示 $d = 60$ mm，等等。对于内径为 10、12、15、17 mm 的轴承，内径代号依次为 00、01、02 和 03。对于内径小于 10 mm 或大于 50 mm 的轴承，内径表示方法另有规定，可参看 GB/T 272—2017。右起第三位数字表示轴承的直径系列，即在结构和内径相同时轴承在外径和宽度方面的变化系列，可查阅有关标准；右起第四位表示轴承的类型。

▶▶ 5.4.2 滚动轴承的画法

滚动轴承为标准件，不需要画零件图。在装配图中可采用比例画法、简化画法和示意画法。画图时，应先根据轴承代号由国家标准查出几个主要数据，然后按要求的画法画出。常用滚动轴承的画法如表 5-3 所示。

表 5-3 常用滚动轴承的画法

轴承类型	结构型式	规定画法	特征画法	用途
深沟球轴承				主要承受径向力

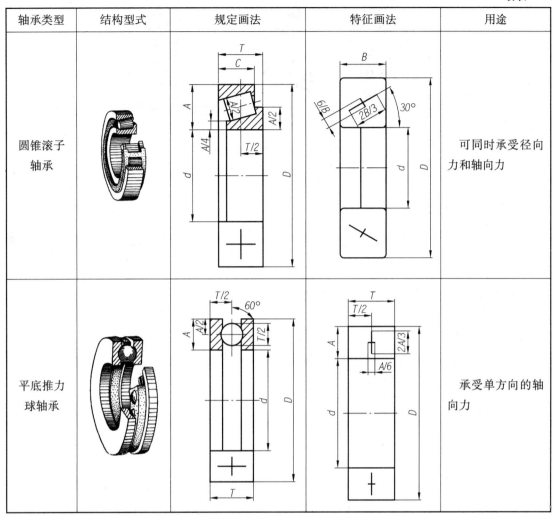

轴承类型	结构型式	规定画法	特征画法	用途
圆锥滚子轴承				可同时承受径向力和轴向力
平底推力球轴承				承受单方向的轴向力

　　例如：6308 表示内径为 40 mm，中系列深沟球轴承，正常宽度，正常结构，0 级公差，0 组游隙。

　　又如：7211C/P5 表示内径为 55 mm，轻系列角接触球轴承，正常宽度，接触角 $\alpha = 15°$，5 级公差，0 组游隙。

5.5　齿轮

　　齿轮是能互相啮合的有齿的机械零件，齿轮在传动中的应用很早就出现了。齿轮种类很多，其中又以圆柱齿轮最为常见和简单，因而学习齿轮应从圆柱齿轮着手。

　　齿轮是机械传动中广泛应用的零件，因其参数中只有模数、压力角已经标准化，故其属于常用件。如图 5-31 所示，根据两齿轮传动情况，齿轮可分为三类：圆柱齿轮（用于平行两轴间的传动）、锥齿轮（用于相交两轴间的传动）、蜗杆与蜗轮（用于相错两轴间的传动）。

(a)　　　　　　　　(b)　　　　　　　　(c)

图 5-31　常见的齿轮传动

（a）圆柱齿轮；（b）锥齿轮；（c）蜗杆与蜗轮

5.5.1　圆柱齿轮

圆柱齿轮的轮齿形状有直齿、斜齿和人字齿等。本节着重介绍直齿圆柱齿轮的几何要素和规定画法。

1. 直齿圆柱齿轮各几何要素的名称、代号和尺寸计算

1）名称及代号

图 5-32 是啮合的圆柱齿轮示意图，从图中可看出圆柱齿轮各几何要素。

（1）齿顶圆和齿根圆。通过轮齿顶部的圆称为齿顶圆，其直径用 d_a 表示。通过轮齿根部的圆称为齿根圆，其直径用 d_f 表示。

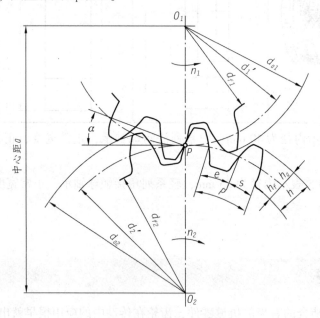

图 5-32　啮合的圆柱齿轮示意图

（2）节圆。O_1、O_2 分别为两啮合齿轮的中心，两齿轮的一对齿廓的啮合点是在连心线上的点 P（称节点）。分别以 O_1、O_2 为圆心，O_1P、O_2P 为半径作圆，称为两齿轮的节圆，其直径用 d' 表示。齿轮的传动可假想为这两个圆作无滑动的纯滚动。

（3）分度圆。分度圆是设计、制造齿轮时进行各部分尺寸计算的基准圆，也是分齿的圆，故称分度圆，其直径用 d 表示。对于标准齿轮传动，节圆和分度圆重合。

（4）分度圆齿距 p 和分度圆齿厚 S。分度圆上相邻两齿廓对应点之间的弧长，称为分度圆齿距 p，两啮合齿轮的齿距相等。每个齿廓在分度圆上的弧长，称为分度圆齿厚 S。对于标准齿轮，齿厚为齿距的一半，即 $S=p/2$。

（5）模数 m。设 z 为齿轮的齿数，则有 $\pi d=zp$，也就是 $d=zp/\pi$。令 $p/\pi=m$，则 $d=mz$，m 即为齿轮的模数，它等于齿距与 π 的比值。因两啮合齿轮的齿距 p 相等，所以它们的模数 m 也必相等。

齿轮的模数越大，其轮齿就越大，齿轮的承载能力也就越大。不同模数的齿轮，要用不同模数的刀具来加工制造。为了便于设计和加工，模数的数值已经标准化，其数值如表 5-4 所示。

表 5-4　齿轮模数系列（GB/T 1357—2008）　　　　　　　　　　　　　　mm

第一系列	1　1.25　1.5　2　2.5　3　4　5　6　8　10　12　16　20　25　32　40　50
第二系列	1.75　2.25　2.75　（3.25）　3.5　（3.75）　4.5　5.5　（6.5）　7　9　（11）　14 18　22　28　36　45

（6）压力角 α。在节点 P 处，两齿廓曲线的公法线（即齿廓的受力方向）与两节圆的内公切线（即节点 P 处的瞬时运动方向）所夹的锐角，称为压力角。我国采用的压力角一般为 $20°$。

（7）传动比 i。传动比 i 为主动齿轮的转速 n_1（r/min）与从动齿轮的转速 n_2（r/min）之比。由 $z_1 n_1 = n_2 z_2$ 可得

$$i = \frac{n_1}{n_2} = \frac{z_2}{z_1}$$

（8）中心距 a。两圆柱齿轮轴线间的最短距离，称为中心距，即

$$a = \frac{d'_1 + d'_2}{2} = \frac{m(z_1 + z_2)}{2}$$

（9）齿顶高 h_a、齿根高 h_f 和齿高 h。齿顶圆与分度圆之间的径向距离，称为齿顶高；齿根圆与分度圆之间的径向距离，称为齿根高；齿顶圆与齿根圆之间的径向距离，称为齿高。

2）几何要素的尺寸计算

前面介绍的齿轮各几何要素均与齿轮的模数 m 和齿数 z 有关，其计算公式如表 5-5 所示。

表 5-5　直齿圆柱齿轮各几何要素的尺寸计算

几何要素	代号	计算公式
齿顶高	h_a	$h_a = m$
齿根高	h_f	$h_f = 1.25m$

续表

几何要素	代号	计算公式
齿高	h	$h = 2.25m$
分度圆直径	d	$d = mz$
齿顶圆直径	d_a	$d_a = m(z+2)$
齿根圆直径	d_f	$d_f = m(z-2.5)$

2. 圆柱齿轮的规定画法

1）单个圆柱齿轮

根据 GB/T 4459.2—2003 规定的齿轮画法，齿顶圆和齿顶线用粗实线绘制，分度圆和分度线用细点画线绘制，齿根圆和齿根线用细实线绘制（也可省略不画），如图 5-33（a）所示；在剖视图中，当剖切平面通过齿轮的轴线时，轮齿一律按不剖处理，齿根线用粗实线绘制，如图 5-33（b）所示。当需要表明斜齿或人字齿的形状时，可用三条与齿线方向一致的细实线表示，如图 5-33（c）、（d）所示。

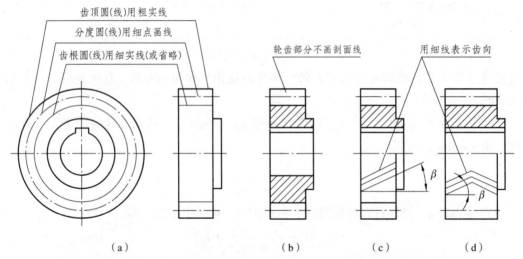

图 5-33　单个圆柱齿轮的规定画法

（a）直齿（外形图）；（b）直齿（全剖视图）；（c）斜齿；（d）人字齿（半剖视图）

2）啮合的圆柱齿轮

在投影为圆的视图上，啮合区内齿顶圆均用粗实线绘制，如图 5-34（b）所示；或按省略画法，如图 5-34（c）所示。在剖视图中，当剖切平面通过两啮合齿轮的轴线时，在啮合区内，将一个齿轮的轮齿用粗实线绘制，另一个齿轮的轮齿被遮挡的部分用虚线绘制，如图 5-34（a）所示；但被遮挡的部分也可以省略不画。在平行于圆柱齿轮轴线的投影面的外形视图中，啮合区内齿顶线不需画出。重合的节线用粗实线绘制，其他处的节线仍用细点画线绘制，如图 5-34（c）、（d）所示。

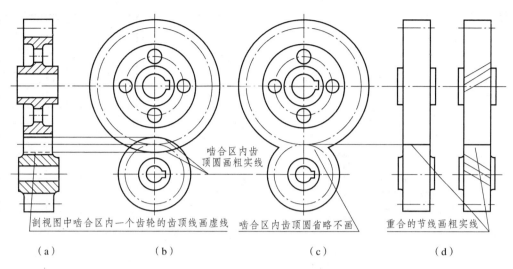

啮合区内齿
顶圆画粗实线

剖视图中啮合区内一个齿轮的齿顶线画虚线　　啮合区内齿顶圆省略不画　　重合的节线画粗实线

（a）　　　　　　　　　（b）　　　　　　　　　（c）　　　　　　　　　（d）

图5-34　直齿圆柱齿轮啮合的规定画法

（a）规定画法；（b）省略画法；（c）外形视图（直齿）；（d）外形视图（斜齿）

在齿轮啮合的剖视图中，由于齿根高与齿顶高相差 $0.25m$，因此，一个齿轮的齿顶线与另一个齿轮的齿根线之间，应有 $0.25m$ 的间隙。

3. 齿轮与齿条啮合的画法

当齿轮直径无限大时，其齿顶圆、齿根圆、分度圆和齿廓曲线都变成直线，此时齿轮变为齿条。齿轮与齿条啮合时，齿轮旋转，齿条作直线运动。齿轮与齿条啮合的画法基本与两圆柱齿轮啮合的画法相同，只是注意齿轮的节圆应与齿条的节线相切，如图5-35所示。

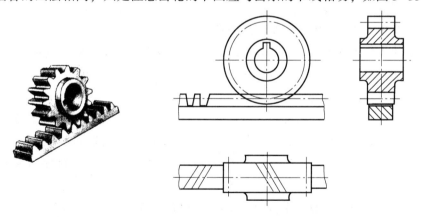

图5-35　齿轮与齿条啮合的画法

4. 圆柱齿轮的零件图

圆柱齿轮的零件图示例如图5-36所示，包括一组视图，如全剖视的主视图和轮孔的局部视图；一组完整的尺寸；必需的技术要求，如尺寸公差、表面粗糙度、形位公差、热处理和制造齿轮所必需的基本参数（其中许多项目将在后继课程中叙述）。

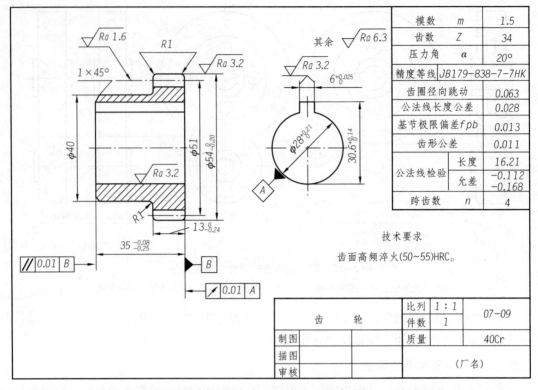

模数	m	1.5
齿数	Z	34
压力角	α	20°
精度等线	JB179-838-7-7HK	
齿圈径向跳动		0.063
公法线长度公差		0.028
基节极限偏差 fpb		0.013
齿形公差		0.011
公法线检验	长度	16.21
	允差	-0.112 -0.168
跨齿数	n	4

技术要求

齿面高频淬火(50~55)HRC。

齿 轮	比列	1:1	07-09
	件数	1	
制图	质量		40Cr
描图			
审核		(厂名)	

图 5-36 圆柱齿轮的零件图示例

5.5.2 锥齿轮简介

锥齿轮通常用于传递两垂直相交轴的回转运动。

锥齿轮的轮齿位于圆锥面上，故其轮齿一端大一端小，齿厚也由大端到小端逐渐变小，模数和节圆也随齿厚而变化。为了设计和制造方便，规定以大端的模数为准，用它决定轮齿的有关尺寸。一对锥齿轮啮合也必须有相同的模数。

锥齿轮各部分几何要素的名称及代号如图 5-37 所示。锥齿轮各部分几何要素的尺寸也都与模数 m、齿数 z 及分度圆锥角 δ 有关。其计算公式为：分度圆直径 $d = mz$，齿顶圆直径 $d_a = m(z + 2\cos\delta)$，齿根圆直径 $d_f = m(z - 2.4\cos\delta)$；齿顶高 $h_a = m$，齿根高 $h_f = 1.2m$，齿高 $h = 2.2m$。

锥齿轮的规定画法与圆柱齿轮基本相同。单个锥齿轮的画法如图 5-37 所示。一般用主、左两视图表示，主视图画成剖视图，在投影为圆的左视图中，用粗实线表示大端和小端的齿顶圆，用细点画线表示大端的分度圆，不画齿根圆。

锥齿轮的啮合画法如图 5-38 所示。主视图画成剖视图，由于两齿轮的节锥面相切，因此，其节线重合，画成细点画线；在啮合区内，应将其中一个齿轮的齿顶线画成粗实线，而将另一个齿轮的齿顶线画成虚线或省略不画。左视图画成外形视图。对于标准齿轮，节圆锥面和分度圆锥面，节圆和分度圆是一致的。

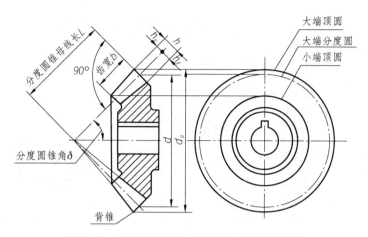

图 5-37　锥齿轮各部分几何要素的名称及代号

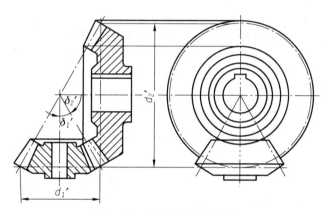

图 5-38　锥齿轮的啮合画法

轴线垂直相交的两锥齿轮啮合时，两节圆锥角 δ_1'、δ_2' 之和为 90°，于是有下列关系：

$$\tan \delta_1' = \frac{\dfrac{d_1'}{2}}{\dfrac{d_2'}{2}} = \frac{d_1'}{d_2'} = \frac{mz_1}{mz_2} = \frac{z_1}{z_2}$$

$$\delta_2' = 90° - \delta_1' \text{ 或 } \tan \delta_2' = \frac{z_2}{z_1}$$

5.5.3　蜗杆与蜗轮简介

蜗杆与蜗轮用于垂直交错两轴之间的传动，通常蜗杆主动，蜗轮从动。蜗杆与蜗轮的画法与圆柱齿轮基本相同，请参阅有关规定，这里不再赘述。

5.6　弹簧

弹簧是一种弹性元件，其特点是外力除去后能立即恢复原状。在各类机械中应用十分广泛，属于常用件。主要用于减振、复位、测力、储能和夹紧等场合。

弹簧的种类很多，如图 5-39 所示。

本章着重介绍圆柱螺旋压缩弹簧的画法。

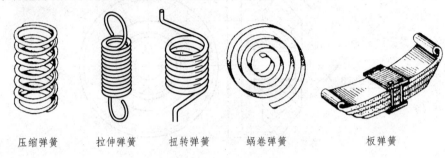

| 压缩弹簧 | 拉伸弹簧 | 扭转弹簧 | 蜗卷弹簧 | 板弹簧 |

图 5-39　常用弹簧的种类

5.6.1　圆柱螺旋压缩弹簧的各部分名称和尺寸关系

（1）簧丝直径 d：弹簧钢丝的直径。

（2）弹簧外径 D：弹簧的最大直径。

弹簧内径 D_1：弹簧的最小直径，$D_1 = D - 2d$。

弹簧中径 D_2：弹簧内径和弹簧外径的平均值，$D_2 = \dfrac{D + D_1}{2} = D_1 + d = D - d$。

（3）有效圈数 n、支撑圈数 n_2 和总圈数 n_1。为了使圆柱螺旋压缩弹簧工作时受力均匀，增加弹簧的稳定性，弹簧的两端需并紧、磨平。并紧、磨平的各圈仅起支撑作用，称为支撑圈。如图 5-40 所示的弹簧，两端各有 $1\frac{1}{4}$ 圈为支撑圈，即 $n_2 = 2.5$。保持相等节距的圈数，称为有效圈数。有效圈数与支撑圈数之和，称为总圈数，即 $n_1 = n + n_2$。

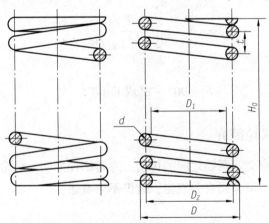

图 5-40　圆柱螺旋压缩弹簧的画法

（4）节距 t：除支撑圈外，相邻两圈间的轴向距离。

（5）自由高度 H_0：弹簧在不受外力作用时的高度（或长度），$H_0 = nt + (n_2 - 0.5)d$。

（6）展开长度 L：制造弹簧时坯料的长度。由螺旋线的展开可知：$L \approx n_1 \sqrt{(\pi D_2)^2 + t^2}$。

5.6.2 圆柱螺旋压缩弹簧的画法

弹簧在平行于轴线的投影面的视图中，各圈的投影转向轮廓线画成直线，如图5-40所示。

（1）有效圈数在4以上的弹簧，中间各圈可省略不画。当中间各圈省略后，可适当缩短图形的长度。

（2）右旋弹簧应画成右旋。左旋弹簧允许画成右旋，但左旋弹簧无论是画成左旋还是右旋，一律要加注"左"字。

（3）弹簧两端的支撑圈，不论圈数多少，均可按图5-40的形式绘制。

（4）装配图中，弹簧被挡住的结构一般不画出，可见部分应从弹簧的外轮廓线或从弹簧钢丝剖面的中心线画起，如图5-41（a）所示；当弹簧被剖切时，若簧丝直径≤2 mm，剖面可涂黑表示，也可用示意画法，如图5-41（b）、（c）所示。

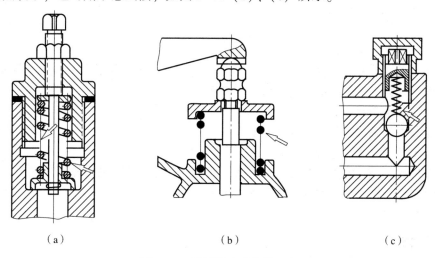

（a） （b） （c）

图5-41 装配图中弹簧的画法

（a）不画被挡住的零件轮廓；（b）簧丝剖面涂黑；（c）簧丝示意画法

5.6.3 圆柱螺旋压缩弹簧的作图步骤

已知圆柱螺旋压缩弹簧的簧丝直径 $d=5$ mm，弹簧外径 $D=45$ mm，节距 $t=10$ mm，有效圈数 $n=8$，支撑圈数 $n_2=2.5$，右旋，试画出这个弹簧。

画图之前先进行计算，算出弹簧平均直径及自由高度，然后作图。弹簧中径 $D=D-d=40$ mm，自由高度 $H_0=nt+(n_2-0.5)d=8\times10$ mm$+(2.5-0.5)\times5$ mm$=90$ mm。作图步骤如图5-42所示。

（1）根据 H_0 及 D_2 画出矩形 $ABCD$，如图5-42（a）所示。

（2）画出支撑圈部分直径与簧丝直径相等的圆和半圆，如图5-42（b）所示。

（3）根据节距 t 作剖面1、2，并以 $t/2$ 的位置作水平线交于剖面3、4，由剖面4作出剖5，如图5-42（c）所示。

（4）按右旋方向作响应圆的公切线及剖面线，即完成作图，如图5-42（d）所示。

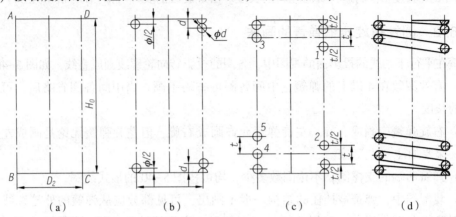

（a）　　　　　（b）　　　　　（c）　　　　　（d）

图5-42　圆柱螺旋压缩弹簧的作图步骤

小　结 ▶▶ ▶

1. 本章介绍了螺栓、螺母、垫圈、双头螺柱、螺钉、键、销、滚动轴承和弹簧等零件。通过对上述零件及其连接的学习应达到如下要求：

（1）会查阅有关标准；

（2）会按规定画法画图，并会正确标记。

2. 本章还介绍了常用件中的齿轮。

对于齿轮的画法，首先应对齿轮部分的尺寸进行计算，然后按规定画法画图，应注意区分齿轮投影图中的粗实线、细点画线、细实线、虚线等图线的含义。

练习题 ▶▶ ▶

1. 螺纹的基本要素有哪些？内外螺纹连接时，它们的要素应该符合什么要求？

2. 试查出 M12 的粗牙普通螺纹的小径和螺距。

3. 试分别说明 M16×1-6H-S、Tr×4-7H、B32×6LH-7e、G11/2A 等代号的含义。

4. 常用螺纹紧固件有哪些？

5. 用比例画法画螺栓连接图时，如何确定各部分的尺寸？

6. 如何绘制单个圆柱和两啮合圆柱齿轮？

7. 试说明滚动轴承 7208 的含义。

8. 键和销各有什么用途？其连接画法有何特点？

第6章
零件图

本章要点 ▶▶ ▶

- 零件图作用和内容
- 视图选择和尺寸标注
- 零件图技术要求
- 零件结构的工艺性

本章说明 ▶▶ ▶

零件图是表达单个零件形状、大小和特征的图样，也是在制造和检验机器零件时所用的图样，又称零件工作图。在生产过程中，根据零件图样和图样的技术要求进行生产准备、加工制造及检验。因此，它是指导零件生产的重要技术文件。本章主要掌握零件图的视图选择的原则和表达零件的方法；掌握零件上常见结构的画法和尺寸注法；掌握零件图的尺寸注法，能在零件图中正确注写尺寸公差、形位公差及表面粗糙度。

6.1 零件图的作用和内容

要制造机器或部件，就必须先按照要求生产出零件。生产和检验零件所依据的图样称为零件工作图，简称零件图，如图6-1、图6-2所示。它的主要内容包括以下四类。

1）图形

图形：用机件的各种表达方法（包括视图、剖视图、断面图、局部放大图等）正确、完整、清晰、合理地表达零件的内、外结构形状。

2）尺寸

尺寸：表达零件在生产、检验时所需的全部尺寸。尺寸的标准要正确、完整、清晰和合理。

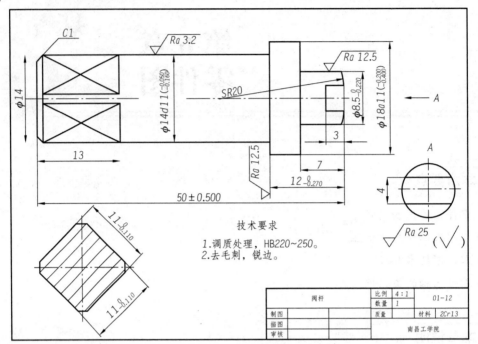

技术要求

1. 调质处理，HB220~250。
2. 去毛刺，锐边。

阀杆		比例	4:1	01-12
		数量	1	
制图		质量		材料 2Cr13
描图				
审核		南昌工学院		

图 6-1　阀杆零件图

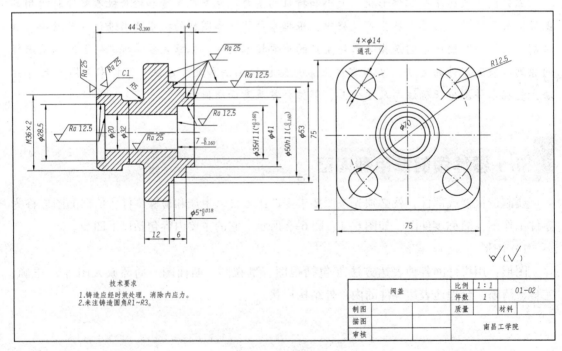

技术要求

1. 铸造应经时效处理，消除内应力。
2. 未注铸造圆角R1~R3。

阀盖		比例	1:1	01-02
		件数	1	
制图		质量		材料
描图				
审核		南昌工学院		

图 6-2　阀盖零件图

3）技术要求

技术要求：用文字或其他符号标注或说明零件在制造、检验、装配、使用过程中应达到的各项要求。如公差等。

4）标题栏

标题栏：标题栏中应填写零件的名称、代号、材料、数量、比例、单位名称，以及设计、制图和审核人员的签名和日期等。

任何机器或部件都是由零件按一定的装配关系和要求装配而成的。图6-3为摆线转子泵的结构图，其主要由泵体、泵盖、内转子、外转子、泵轴、螺栓、螺母、垫圈、键和销等零件组成。根据零件在机器中的作用，大体可分为以下三大类。

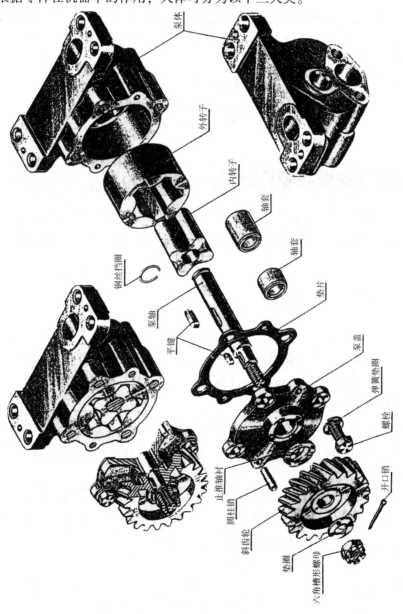

图6-3 摆线转子泵的结构图

1）一般零件

一般零件的结构比较复杂、应用较广，按结构特点又可细分为四类：

（1）轴套类；

（2）轮盘类；

（3）箱体类；

（4）叉架类。

一般零件必须画出零件图以供制造、维护等。

2）传动零件

传动零件指传递动力和运动的零件，简称为传动件。如齿轮等，大多已标准化，并有规定画法，但有些要素尚未完全标准化，所以传动件也要画出其零件图。

3）标准零件

标准零件一般简称为标准件，其主要作用是连接、定位、支撑、密封等。由于它们的结构、尺寸都已标准化，可查阅相关国家标准来确定，故通常不画其零件图。

6.2 零件图的视图选择和尺寸标注

零件图中选用的一组视图，应能完整、清晰地表达零件的内、外结构形状，并要考虑画图、读图方便。要达到上述要求，就必须对零件的结构特点进行分析，恰当地选取一组视图。

6.2.1 零件图的视图选择

1. 主视图的选择

主视图是表达零件的最主要的视图，应尽可能多地表达出零件的主要结构形状特征，并应符合设计和工艺要求。一般应注意以下两点。

1）主视图的投射方向

选择最能明显表达零件结构形状及其相对位置的方向作主视图的投射方向，这叫作形体特征原则。如图6-4（a）所示，选A向作主视图的投射方向就比选B向好。

2）零件的安放位置

在选主视图时，应尽可能符合它的设计（工作）位置和工艺（加工）位置。如图6-4（b）所示，该主视图的投射方向就符合了阀体的工作位置和加工位置。当不能同时满足这两点要求时，根据零件的具体情况可灵活地选择其一。

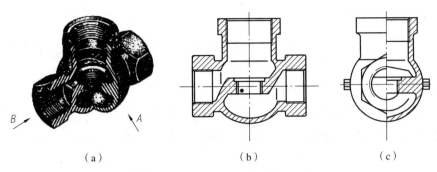

图6-4 阀体的主视图选择

（a）投射方向；（b）*A* 向；（c）*B* 向

2. 其他视图的选择

主视图确定后，其他视图应视零件的结构特征灵活选择。

选择其他视图的原则是：在表达清晰的前提下，应使所选视图数量最少；各视图表达的内容重点突出；简明易懂。同时，对在标注尺寸后已表达清楚的结构，尽量不再用视图重复表达。

6.2.2 零件图的尺寸标注

1. 正确选择尺寸基准

在零件图中，除了应用一组视图表达清零件结构形状外，还必须标注全部尺寸，以确定各部分结构的大小及其相对位置。标注尺寸除了满足正确、完整、清晰的要求之外，重点应考虑设计和工艺要求，尽可能合理地标注尺寸。为此，必须正确选择标注尺寸的起点——尺寸基准。根据作用不同，尺寸基准分以下两类。

1）设计基准

设计基准指根据零件设计要求所选的基准，如图6-5（a）所示。

2）工艺基准

工艺基准指加工、测量时所选定的基准。它又可细分为定位基准和测量基准，如图6-5（b）、（c）所示。

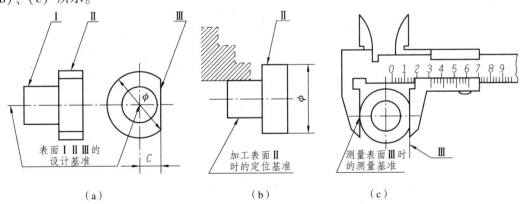

图6-5 尺寸基准的分类

（a）设计基准；（b）定位基准；（c）测量基准

2. 尺寸标注的形式

根据零件的结构特点及其在机器中的不同作用，在零件图中尺寸标注通常有以下三种形式。

1) 链式

链式指零件图上同一方向的尺寸首尾相接，前者的终端为后一尺寸的基准，如图6-6（a）所示。这种形式适用于同一零件上的系列孔的中心距，以及要求较严时的尺寸标注。

2) 坐标式

坐标式指零件图上同一方向的尺寸从同一基准出发，如图6-6（b）所示。当需要按选定的基准决定一组精确尺寸时，常采用这种形式。

3) 综合式

综合式指前两种形式的综合应用，如图6-6（c）所示。这种标注形式兼有上述两种标注形式的优点，得到了广泛应用。

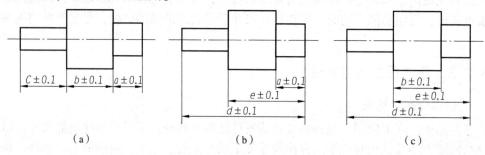

（a）　　　　　　　　　　（b）　　　　　　　　　　（c）

图6-6　尺寸标注的三种形式

（a）链式；（b）坐标式；（c）综合式

3. 主要尺寸和一般尺寸

1) 主要尺寸

影响到机器或部件的工作性能、工作精度以及确定零件位置和有配合关系的尺寸，均是主要尺寸，如图6-7中的 $\phi 5.5_{-0.012}^{-0.005}$、$\phi 9_{-0.010}^{0}$、$12 \pm 0.1$。

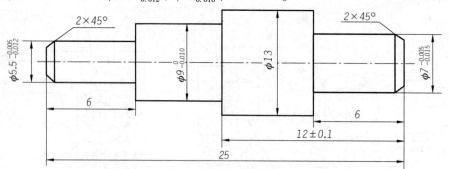

图6-7　主要尺寸和一般尺寸

2）一般尺寸

不影响机器或部件的工作性能和工作精度或结构上无配合和定位要求的尺寸，均属一般尺寸，如图6-7中的$\phi13$、25、6、$2\times45°$。

4. 标注尺寸应注意的问题

1）考虑设计要求

（1）恰当地选择基准。

（2）主要尺寸直接注出。

（3）不要注成封闭尺寸链。

具体实例如图6-8和图6-9所示。

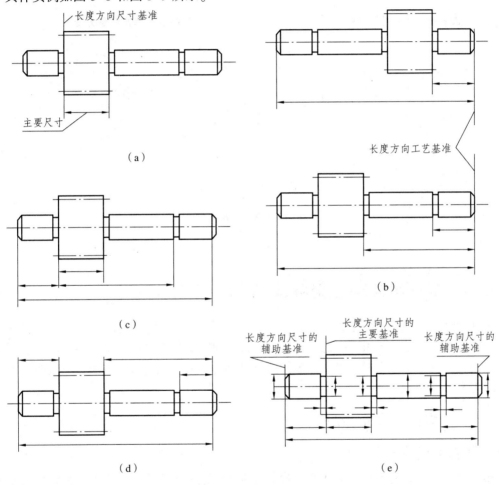

图6-8　主轴的尺寸标注

（a）按设计要求选择尺寸基准；（b）按加工要求选择尺寸基准；
（c）按设计基准标注长度方向尺寸；（d）按工艺基准标注长度方向尺寸；
（e）综合考虑标注尺寸

2）考虑工艺要求

（1）尽量符合加工顺序，如图6-8（e）比图6-8（c）更符合加工顺序；

（2）应考虑测量方便，如图6-10（b）比图6-10（a）更易测量，图6-11亦如此。

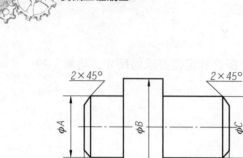

图 6-9 避免封闭尺寸

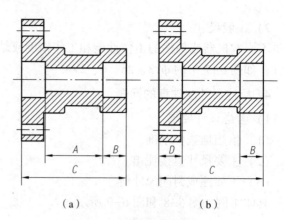

（a）　　　　　　　　　　（b）

图 6-10 考虑测量方便 1

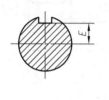

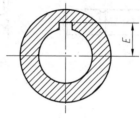
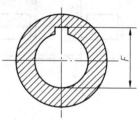

不易测量　　　易于测量　　　　　不易测量　　　　易于测量

（a）　　　　　　　　　　　　　（b）

图 6-11 考虑测量方便 2

6.3 零件结构的工艺性简介

零件的结构形状，主要是根据它在机器（或部件）中的作用决定的。但是，制造工艺对零件的结构也有某些要求。因此，在绘制零件图时，应使零件的结构不但要满足使用上的要求，而且要满足工艺上的要求。在零件上常见到的一些工艺结构，多数是通过铸造和机械加工获得的。

6.3.1 零件上的铸造结构

1. 起模斜度

用铸造的方法制造零件的毛坯时，为了便于从砂型中将模样取出，一般沿模样起模方向设计出起模斜度，如图 6-12 所示。

起模斜度的大小：木模样常为 $1:10 \sim 1:30$；金属模样用手工造型时为 $1:10 \sim 1:20$，用机械造型时为 $1:0.50 \sim 1:10$。

起模斜度在图样上可不予标注，也可以不画出；必要时，可以在技术要求中用文字说明。

2. 铸造圆角

在铸件毛坯各表面的相交处,都有铸造圆角(见图6-13),这样既方便起模,又防止浇铸铁水时将型砂转角处冲坏,还可避免铸件在冷却时产生裂纹或缩孔。铸造圆角半径一般取壁厚的0.2~0.4倍。铸造圆角应当画出,但在图样上一般不予标注,常集中标注写在技术要求中。

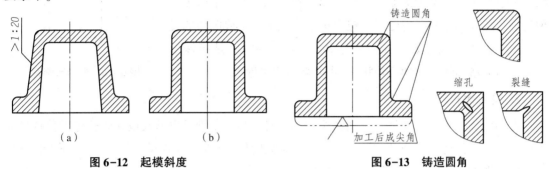

图6-12 起模斜度　　　　　　　　　　　图6-13 铸造圆角

3. 铸件壁厚

在浇铸零件时,为了避免因各部分冷却速度的不同而产生缩孔或裂缝,铸件壁厚应保持大致相等或逐渐变化,如图6-14所示。

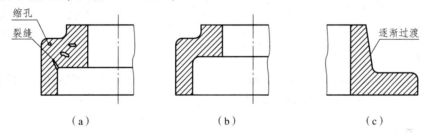

图6-14 铸件壁厚

(a)产生缩孔或裂缝;(b)壁厚均匀;(c)逐渐过渡

4. 过渡线

铸件的两个表面相交处,由于有铸造圆角,因此其表面交线就不明显。为了区分不同表面以便于看图,仍画出没有圆角时的交线,这时的交线称为过渡线。过渡线用细实线绘制,如图6-15所示。

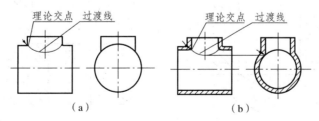

图6-15 过渡线的画法

(a)外表面;(b)内表面

6.3.2 零件上的机械加工结构

1. 倒角和倒圆

为了去除零件加工表面转角处的毛刺、锐边和便于零件装配，一般在轴或孔的端部加工一圆台面，称为倒角。为了避免阶梯的轴和孔在轴肩和孔肩处产生应力集中，通常加工成圆角的过渡形式，称为倒圆。如图 6-16 所示，其中标注 $C1$ 是指深度为 1 mm 的 45°倒角。倒角和倒圆尺寸可查阅相关标准。

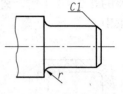

图 6-16 倒角和倒圆

2. 退刀槽和砂轮越程槽

在切削加工中，特别是在车削螺纹和磨削时，为了便于退出刀具或使砂轮可以稍越过加工面，常在零件待加工面的末端，先车出螺纹退刀槽或砂轮越程槽，如图 6-17 和图 6-18 所示。二者的尺寸大小可以查阅相关标准。

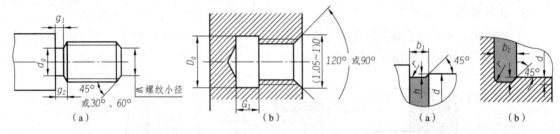

图 6-17 螺纹退刀槽　　　　　　　图 6-18 砂轮越程槽

（a）外螺纹；（b）内螺纹

3. 钻孔结构

用钻头钻出的盲孔，在其底部有一个 120°的锥角，钻孔深度指的是圆柱部分的深度，不包括锥坑，如图 6-19（a）所示。在用钻头钻出的阶梯孔的过渡处，存在锥角为 120°的圆台，其画法及尺寸注法如图 6-19（b）所示。

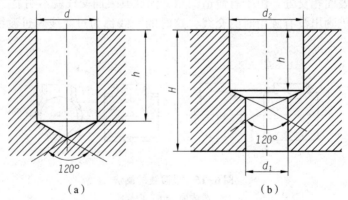

图 6-19 钻孔结构

（a）盲孔；（b）阶梯孔

用钻头钻孔时，为保证钻孔准确和避免钻头折断，应使钻头轴线尽量垂直于被钻孔的端面，如图 6-20 所示。同时还要保证工具有方便的工作条件，如图 6-21 所示。

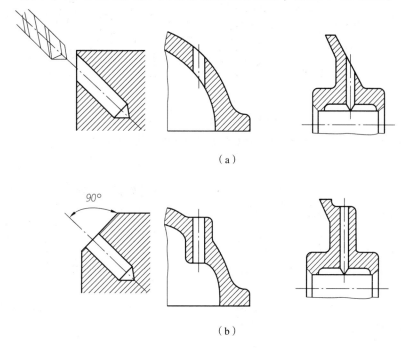

图 6-20　钻头要尽量垂直于被钻孔的端面

（a）不正确；（b）正确

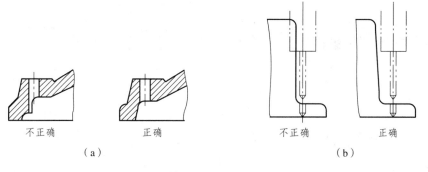

图 6-21　钻孔时要有方便的工作条件

（a）钻头不要单边工作；（b）要能伸进钻头

4. 凸台和凹坑

零件上凡是与其他零件接触的面，一般都要加工。为了降低零件的制造费用，减少加工面积，并保证零件表面之间有良好的接触，通常在铸件上设计出凸台、凹坑。图 6-22（a）、（b）是螺栓连接的支承面，做成凸台或凹坑的形式；图 6-22（c）、（d）是为了减少加工面积而制成的凹槽、凹腔的结构。

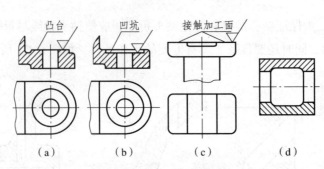

图 6-22　凸台、凹坑等结构

（a）凸台；（b）凹坑；（c）凹槽；（d）凹腔

5. 滚花

为了防止操作时在零件表面上打滑，在某些手柄和螺钉的头部通常做出滚花。滚花有两种形式：直纹和网纹。滚花的画法与尺寸标注如图 6-23 所示。

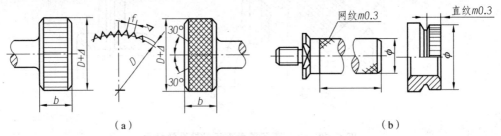

图 6-23　滚花的画法与尺寸标注

6.4　零件图的识读

读零件图的目的是根据已给的零件图想象出零件的结构形状，弄清楚零件各部分尺寸、技术要求等内容。

6.4.1　读零件图的方法和步骤

1. 概括了解

通过看标题栏了解零件的名称、材料、比例等。

2. 视图分析

首先从主视图入手，确定各视图间的对应关系，并找出剖视、剖面的剖切位置，投射方向等，然后分析各视图表达的重点。

3. 形体分析

利用组合体的看图方法，进行形体分析，看懂零件的内外结构形状，这是读图的重点。

4. 尺寸分析

分析零件的主要尺寸、一般尺寸、尺寸基准等。

5. 技术要求分析

分析尺寸公差、形位公差、表面粗糙度及其他技术方面的要求和说明。

6.4.2 读零件图举例

现以图6-24为例，说明读零件图的过程。

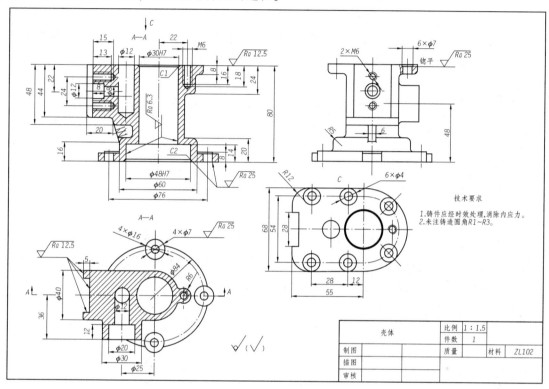

图6-24 壳体的零件图

1. 概括了解

看标题栏可知该零件的名称是壳体，属箱体类零件，材料为ZL102（铸造铝合金），画图比例1:1.5，是铸件。

2. 视图分析

零件表达采用三个基本视图（均采用适当的剖视）和一个局部视图。主视图为*A—A*全剖，主要表达壳体的内部结构；俯视图为阶梯剖，表达壳体内部和底板的形状及其上所带四个锪平光孔的分布情况；左视图为局部剖，和*C*向局部视图一样，主要表达壳体的外形和顶面形状及顶面上各种孔的相对位置。

3. 形体分析

由视图分析知，该零件由上部的圆柱套本体、下部的安装板和左面的凸块组成。顶部有$\phi 30H7$的通孔、$\phi 12$的盲孔和M6的螺纹盲孔；$\phi 48H7$的孔与$\phi 30H7$的通孔相接形成阶梯孔；底板上有四个带锪平$4\times\phi 16$的安装孔$4\times\phi 7$。它的左侧是带有凹槽的T形块，左端有

$\phi12$、$\phi8$ 的阶梯孔与顶部 $\phi12$ 盲孔相通，且其上、下方各有一个 M6 的螺纹孔。在凸块的前端有一个圆柱形凸缘，其外径是 30，内部是 $\phi20$ 和 $\phi12$ 的阶梯孔，且与顶部 $\phi12$ 盲孔相通。从左视图和 C 向局部视图可知，壳体顶部有六个 $\phi7$ 安装孔，并在它的下部锪平 $\phi14$ 的平面。至此可大致看清壳体的内、外结构形状。

4. 尺寸分析

1）基准

长度、宽度方向的主要尺寸基准分别是通过壳体轴线的侧平面和正平面，用以确定左侧凸块、顶部各孔及凸块前方凸缘等结构的位置；高度方向基准是底板的下底面。

2）主要尺寸

主要尺寸包括本体内部的阶梯孔 $\phi30H7$ 和 $\phi48H7$，顶部各孔的定位尺寸 12、28、22、54，底板上四个孔的定位尺寸 $\phi76$，前方凸缘的定位尺寸 25、36、48 及左方凸块的定位尺寸 55、22、24 等。

3）其他尺寸

按上述分析方法，读者可自行分析其他尺寸，读懂壳体的形状大小。

5. 技术要求分析

壳体是铸件，由毛坯到成品需经车、钻、铣、刨、磨、镗、螺纹加工等工序；尺寸公差代号大都是 H7（数值读者可查相关标准获得）；去除材料法加工面的表面粗糙度数值较大，可见要求不高；用文字叙述的技术要求有：时效处理、未注圆角等。

综合上述各项内容的分析，便可看懂壳体零件图。

小　结

本章主要内容如下。

1. 零件图的作用和内容。零件图是设计部门提交给生产部门的重要技术文件，是制造和检验零件的依据。零件图的内容包括：图形、尺寸、技术要求、标题栏。

2. 零件表达方案的选择和典型零件的视图表达。零件表达方案的选择包括：主视图的选择、视图数量和表达方法的选择。典型零件包括轴套类零件、轮盘类零件、箱体类零件和叉架类零件。

3. 零件图的尺寸标注。零件图的尺寸标注，除了组合体尺寸注法中已提出的要求外，更重要的是要切合生产实际。必须正确地选择尺寸基准，基准要满足设计和工艺要求，基准一般选接触面、对称面、轴心线等。零件上对设计所要求的重要尺寸必须直接注出，其他尺寸可按加工顺序或考虑测量方便进行标注。零件间配合部分的尺寸数值必须相同。此外，还要注意不要注成封闭尺寸链。

4. 零件图的技术要求。图样上的图形和尺寸还不能完全反映出对零件的质量要求，因此，零件图上还应有技术要求，包括：尺寸公差、形状和位置公差、表面粗糙度、材料热处理、零件表面修饰的说明，以及加工检验时的要求等。

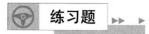

练习题

1. 零件图在生产中起什么作用？它应该包括哪些内容？
2. 零件图的视图选择原则是什么？怎样选定主视图？选择其他视图的方法如何？
3. 零件上常见的工艺结构有哪些？
4. 简述看零件图的步骤和方法。

第7章
装配图

本章要点 ▶▶ ▶

- 了解装配图的作用和内容
- 掌握绘制装配图的方法
- 掌握识读装配图的方法

本章说明 ▶▶ ▶

　　装配图是表达机器零件或部件的图样。主要用来表示机器或部件的工作原理、各零件的相对位置和装配关系。在产品设计中，通常先画出机器或部件的装配图，然后根据装配图画出零件图；在产品制造中，机器和部件的装配工作是根据装配图来进行的；在使用和维修机器时，也常需要通过装配图来了解机器的结构。因此，装配图在生产中具有很重要的作用。

　　图7-1所示的减速器是由箱体、齿轮、轴、轴承、螺栓、螺母、端盖、垫圈及其他一些附件组成的，根据之前学的零件图的知识，我们可以把各个零件的尺寸和外形表述清楚，但零件的相对位置及装配关系（如轴和齿轮怎样通过键连接在一起、齿轮如何啮合等）无法表达清楚。这样不利于设计人员与生产人员对其整体把握，这个时候我们就需要另外一种图样——装配图。

图7-1　减速器

7.1 概述

7.1.1 装配图内容

图7-2是滑动轴承的装配图，从图中可以看出，一张完整的装配图应具备以下几个方面的内容。

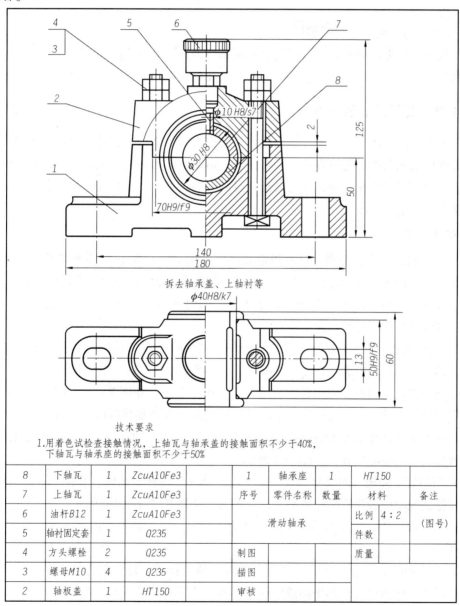

技术要求

1.用着色试检查接触情况，上轴瓦与轴承盖的接触面积不少于40%，下轴瓦与轴承座的接触面积不少于50%

8	下轴瓦	1	ZcuA10Fe3		1	轴承座	1	HT150	
7	上轴瓦	1	ZcuA10Fe3		序号	零件名称	数量	材料	备注
6	油杆B12	1	ZcuA10Fe3			滑动轴承		比例	4：2	[图号]
5	轴衬固定套	1	Q235					件数		
4	方头螺栓	2	Q235		制图			质量		
3	螺母M10	4	Q235		描图					
2	轴板盖	1	HT150		审核					

图7-2 滑动轴承的装配图

1）一组视图

一组视图：用来表达机器或部件的工作原理、使用性能、零件间的装配关系和连接方式、主要零件的结构形状、与外部的安装关系等。

2）必要的尺寸

必要的尺寸：表示机器或部件的性能、规格及装配、检验、安装时所必需的尺寸，主要包括与机器或部件有关的规格尺寸、装配尺寸、安装尺寸、外形尺寸及其他重要尺寸。

3）技术要求

技术要求：用文字或符号说明机器或部件的性能、装配和调整要求、验收条件、试验和使用规则等。

4）零件编号、明细栏和标题栏

零件编号、明细栏和标题栏：说明机器或部件及其所包括的零件的序号、代号、名称、材料、数量、比例，以及设计者、审核者的签名及日期等。

7.1.2　装配图的表达方法

零件图中常用视图、剖视图、剖面图和局部放大图等来进行表达，而装配图主要是表达各零件之间的装配关系、连接方法、相对位置、运动情况和零件的主要结构形状。因而除了在一般表达上与零件图相同外，它还具有自身的一些特点。针对装配图的特点，制定了一些规定画法和特殊表达方法。

1. 简化画法

（1）拆卸画法。在装配图中可假想沿某些零件的结合面剖切或假想将某些零件拆卸后绘出视图，需要说明时可加标注"拆去××等"。如图7-2俯视图的右半部分就是沿轴承盖和轴承座结合面剖切的，即相当于拆去轴承盖、上轴衬等零件后画出。结合面上不画剖面符号，被剖切到的螺栓则必须画出剖面线。

（2）假想画法。为表达部件或零件与相邻的其他辅助零部件的关系，可用细双点画线画出这些辅助零部件的轮廓线，如图7-3（b）的相邻辅助零件；对于运动的零件，当需要表明其运动范围或运动的极限位置，也用细双点画线表示，如图7-3（a）中的手柄，在一个极限位置处画出该零件，又在另一个极限位置处用细双点画线画出其外形轮廓。

（3）对于装配图中若干相同零件如螺栓连接等，可仅详细地画出一组或几组，其余则以细点画线表示其中心位置，如图7-4所示。

（4）当剖切平面通过的某个部件为标准化产品（如油杯、油标、管接头等），或者该部件已在其他装配图中表达清楚，可只画出其外形。如图7-2中的油杯。

（5）在装配图中，对零件的部分工艺结构，如小圆角、倒角、退刀槽等，可省略不画，如图7-4（b）所示。

（6）在装配图中，对于紧固件及轴、连杆、球、钩子、键、销等实心零件，若按纵向剖切，且剖切平面通过其对称平面或轴线时，则这些零件均按不剖绘制。

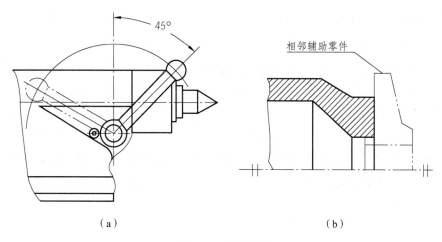

（a）　　　　　　　　　　　　　（b）

图7-3　假想画法

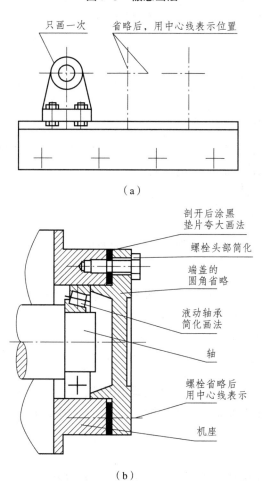

图7-4　各种简化画法

（7）单独零件单独视图画法。在装配图中，当某个零件的形状没有表达清楚时，可以单独画出它的某个视图，在所画视图的上方注出该零件的视图名称，在相应视图的附近用箭

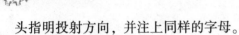

头指明投射方向，并注上同样的字母。

2. 规定画法

1）关于接触面（配合面）与非接触面的画法

（1）对于两零件的接触面或基本尺寸相同的轴孔配合面，规定只画一条线。即使配合的间隙较大也只需画一条线。如图7-5（a）中螺栓所连接两件的接触面，螺母和弹簧垫圈的接触面，图7-5（b）中孔、轴配合面等。

（2）对于相邻零件的非接触面或非配合面，应画两条粗实线。即使彼此间的间隙很小也必须画两条线，必要时允许适当夸大。如图7-5（a）中的螺栓与连接孔是非接触面，应画两条线。

2）装配图中剖面线的画法

同一零件在各视图上剖面线的方向和间隔应保持一致；相邻两零件的剖面线的方向应相反，或者方向一致、间隔不等。如图7-5（a）中剖面线画法。当零件厚度在2 mm以下时，允许以涂黑代替剖面符号。

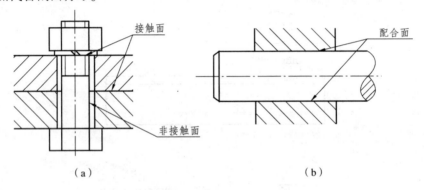

图7-5　装配图的规定画法

3）轴承画法

装配图中的滚动轴承可以一侧画成剖面图（规定画法），另一侧用相交的实线表示（通用画法）。如图7-4（b）中滚动轴承的画法。

3. 其他画法

1）夸大画法

在装配图中，对薄片零件、细丝弹簧或微小间隙，以及较小的斜度和锥度等，如无法按实际尺寸绘制，均可采用夸大画法画出。如图7-4（b）中垫片（涂黑部分）的厚度就作了夸大。

2）展开画法

为了表达传动机构的传动路线和装配关系，可假想按传动顺序沿轴线剖切，然后依次将各剖切平面展开在一个平面上，画出其剖视图。此时，应在展开图的上方注明"×—×展开"字样，如图7-6所示。

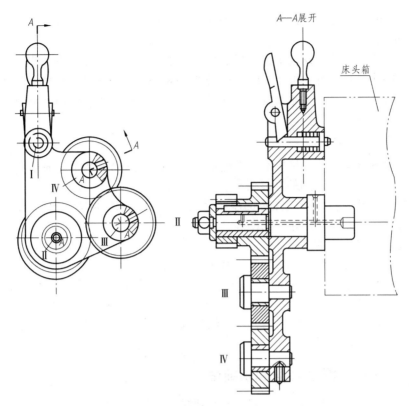

图7-6　三星齿轮传动机构的展开画法

7.1.3　装配图的尺寸标注和技术要求

1. 装配图的尺寸标注

装配图与零件图的作用不同，因此对尺寸标注的要求也不一样。零件图是加工制造零件的主要依据，要求零件图上的尺寸必须完整，而装配图主要是设计和装配机器或部件时用的图样，因此不必注出零件的全部尺寸，一般仅标注出下列几类尺寸。

1）性能（或规格）尺寸

性能（或规格）尺寸是表示装配体的性能、规格或特征的尺寸。它常常是设计或选择使用装配体的依据，例如，图7-2所示滑动轴承的轴孔尺寸 ϕ30H8。

2）装配尺寸

装配尺寸是表示装配体各零件之间装配关系的尺寸，它包括以下两种。

（1）配合尺寸：零件间有公差配合要求的一些重要尺寸，如图7-2中轴承盖与轴承座的配合尺寸70H9/f9。

（2）相对位置尺寸：表示零件间比较重要的距离、间隙等。

3）安装尺寸

安装尺寸是表示将部件安装在机器上，或将机器安装在地基上进行连接固定所需要的尺寸，如图7-2所示滑动轴承的安装孔尺寸13和定位尺寸140。

4）总体尺寸

总体尺寸是表示装配体的外形轮廓的尺寸，如总长、总宽、总高等。这是装配体在包装、运输、安装时所需的尺寸，如图7-2所示滑动轴承的总体尺寸180、60、125。

5）其他重要尺寸

其他重要尺寸是经计算或选定的不能包括在上述几类尺寸中的重要尺寸。

上述几类尺寸并非在每一张装配图上都必须注全，应根据装配体的具体情况而定。在有些装配图上，同一个尺寸，可能兼有几种含义。如手压滑油泵图中的 $\phi36H6/h6$ 既是规格尺寸又是配合尺寸。

2. 装配图的技术要求

不同性能的机器和部件，其技术要求也不同，一般可从以下几个方面来考虑。

（1）装配体装配后应达到的性能要求。

（2）装配体在装配过程中应注意的事项及特殊加工要求。例如，有的表面需装配后加工，有的孔需要将有关零件装好后配作等。

（3）检验、试验方面的要求。

（4）使用要求。如对装配体的维护、保养方面的要求及操作使用时应注意的事项等。

与装配图中的尺寸标注一样，不是上述内容在每一张图上都要注全，而是根据装配体的需要来确定。

技术要求一般注写在明细栏的上方或图纸下部空白处，如果内容很多，也可另外编写成技术文件作为图纸的附件。

7.1.4 装配图的零件序号和明细栏

为了便于图样管理和看图，在装配图上必须对所有的零部件编注序号，并在标题栏的上方填写明细栏。在明细栏中，往往还有该零件的代号。序号是图样上为零件编写的顺序号码，以便与明细栏相对照；代号一般是零部件的图样编号或标准件的标准编号。

1. 零件序号的编写方法

（1）装配图中所有零部件均应编号。一个部件可以只编写一个序号；同一装配图中相同的零部件，用一个序号，一般只标注一次；多处出现的相同的零部件，必要时也可重复标注。

（2）装配图中的零部件的序号，应与明细栏（表）中的序号一致。

（3）装配图中编写零部件序号的表示方法有以下两种。

①在水平的基准（细实线）上或圆（细实线）内注写序号，序号字号比该装配图中所注尺寸数字的字号大一号或两号，如图7-7（a）、（b）所示。

②在指引线的非零件端的附近注写序号，序号字号比该装配图中所注尺寸数字的字号大一号或两号，如图7-7（c）所示。

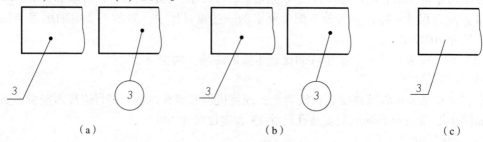

|（a）|（b）|（c）|

图7-7 标注序号的方法

（4）同一装配图中编排序号的形式应一致。

（5）序号的排列形式如下。

①按顺时针或逆时针方向，将序号在整个一组图形的外围依次整齐排列，不得跳号。

②当在整个装配图上无法连续排列时，可以将序号在某个图形的周围按水平或铅垂方向依次整齐排列，不得跳号，如图7-8所示。

（6）指引线应自所指部分的可见轮廓内引出，并在末端画一圆点，如图7-7所示。若所指部分（很薄的零件或涂黑的剖面）内不便画圆点，可在指引线的末端画出箭头，并指向该部分的轮廓，如图7-9（a）所示。

①指引线不能相交。当指引线通过有剖面线的区域时，指引线不应与剖面线平行，如图7-9（a）所示。

②指引线可以画成折线，但只可曲折一次，如图7-9（b）所示。

③一组紧固件以及装配关系清楚的零件组，可采用公共指引线，但应注意水平线或圆圈要排列整齐，如图7-8所示。

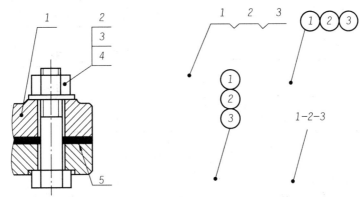

图7-8　序号的排列形式

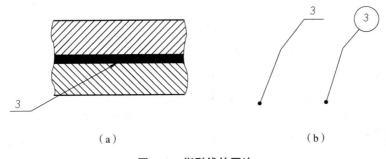

（a）　　　　　　　　　　　　　（b）

图7-9　指引线的画法

2. 明细栏

1）明细栏的画法

（1）明细栏一般应紧接在标题栏上方绘制。当标题栏上方位置不够时，其余部分可画在标题栏的左方，如图7-2所示。

（2）当明细栏直接绘制在装配图中时，其格式和尺寸如图7-10所示。

（3）明细栏最上方（最末）的边线一般用细实线绘制。

（4）当装配图中的零部件较多位置不够时，可作为装配图的续页按 A4 幅面单独绘制出明细栏。若一页不够，可连续加页。

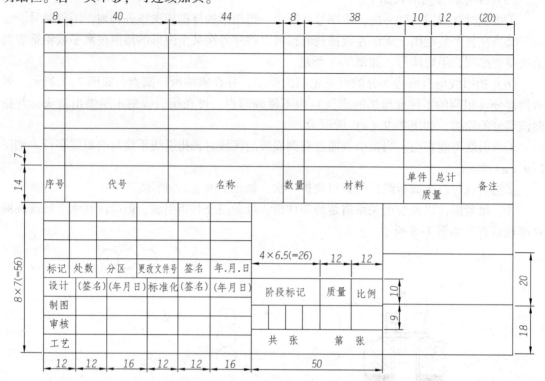

图7-10　国标规定的明细栏和格式尺寸

2）明细栏的填写

（1）当明细栏直接画在装配图中时，明细栏中的序号应按自下而上的顺序填写，以便发现有漏编的零件时，可继续向上填补，如图7-2所示。如果是单独附页的明细栏，序号应按自上而下的顺序填写。

（2）明细栏中的序号应与装配图上编号一致，即一一对应。

（3）代号栏用来注写图样中相应组成部分的图样代号或标准号。

（4）备注栏中，一般填写该项的附加说明或其他有关内容。如分区代号、常用件的主要参数，齿轮的模数、齿数，弹簧的内径或外径、簧丝直径、有效圈数、自由长度等。

（5）螺栓、螺母、垫圈、键、销等标准件，其标记通常分两部分填入明细栏中。将标准代号填入代号栏内，其余规格尺寸等填在名称栏内。

7.2　部件测绘及装配图的画法与步骤

部件由多个零件组成，根据组成部件的所有零件图，就可以拼画出装配图，正确快速阅读、绘制出装配图也是这门课程的最终目标之一，这也是今后从事设计、装配、检验、设备维护的基本要求。

7.2.1 部件测绘

根据现有机器或部件进行测量画出零件草图，然后绘制零件图和装配图的过程称为测绘。在仿制或对现有机器设备进行技术改造，以及维修机器设备时，常用测绘来获得他们的装配图和零件图，因而部件测绘也是工程技术人员应该掌握的基本技能之一。

下面以图7-11所示滑动轴承的分解轴测图为例，说明部件测绘的方法和步骤。

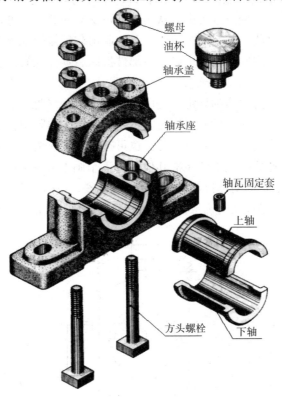

图 7-11 滑动轴承的分解轴测图

1. 了解和分析部件

在测绘之前，首先要对部件进行分析研究，了解其性能、用途、工作原理、结构特点及零件间的装配关系。了解的方法是观察、研究、分析该部件的结构和工作情况，阅读有关的说明书和资料，也可参考同类产品的图纸。总之，只有充分地了解测绘对象，才能保证测绘质量。

滑动轴承起支承轴的作用，它由八种零件组成，其中螺栓和螺母是标准件，油杯是标准组合件，其余为非标准件。其主体部分是轴承座和轴承盖，在座和盖之间装有由上、下两个半圆组成的轴衬，所支承的轴在轴衬孔中转动。为了耐磨，轴衬用青铜铸成。为了防止轴承盖和轴承座之间产生横向错动，两者之间采用阶梯形止口配合。轴承盖和轴承座采用方头螺栓连接，拧紧螺母时可使螺栓不跟着转动。采用两个螺母是为了锁紧，以防使用过程中螺母松动。为了注入润滑油，轴承盖顶部安有一油杯。为了调整轴衬与轴配合的松紧度，盖与座之间留有间隙。为防止轴衬随轴转动，将固定套插入轴承盖与上轴衬的油孔中。

2. 拆卸装配体、画装配示意图

在拆卸过程中可以进一步了解部件中零件的装配关系、结构和作用。拆卸时应注意以下

问题。

（1）拆卸前应先测量一些重要的装配尺寸，如零件间的相对位置尺寸、极限尺寸、装配间隙等。

（2）拆卸时要研究拆卸顺序，对不可拆的连接和过盈配合的零件尽量不拆。

（3）拆卸要用相应的工具，保证顺利拆下，以免损坏零件。

（4）为避免零件的混乱和丢失，应按照拆卸的顺序对零件进行编号、登记并贴上标签，依次整齐放置，避免碰伤、变形或丢失，从而保证再次装配的顺利进行。

装配示意图是通过目测，徒手用简单的线条绘制出装配体的轮廓、装配关系、工作原理及传动路线的图样。它的主要作用是可以避免部件拆卸后零件乱放，装配时无法复原，同时也是绘制装配图的依据。

装配示意图的画法没有严格的规定，现以滑动轴承为例（见图7-12），说明装配示意图的画法。画装配示意图时，各零件的表达通常不受前后层次的限制，可看作透明体，尽可能把所有零件集中在一个视图上。如确有必要，也可补充其他视图。画装配示意图的顺序，一般可从主要零件着手，然后按装配顺序把其他零件逐个画上。图形画好后，应将各零件编上序号或写出其零件名称，同时对已拆卸的零件应贴上标签。在标签上注明与装配图相同的序号或零件名称。对于标准件还应及时确定其尺寸规格，连同数量直接注写在装配示意图上。

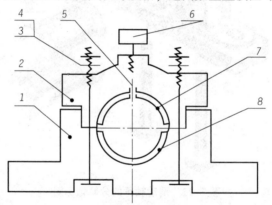

1—轴承座；2—轴承盖；3—螺母；4—螺栓；5—固定套；6—油杯；7—上轴瓦；8—下轴瓦。

图7-12 滑动轴承装配示意图

3. 画零件草图

组成装配体的零件，除去标准件，其余非标准件均应画出零件草图及工作图。零件草图是画装配图和零件图的依据，不能认为草图是"潦草的图"。零件草图的内容和要求与零件图是一致的，它们的主要区别是作图方法不同。零件草图是用徒手、目测的方法画出的图，零件图是用绘图仪器画出的图。

画零件草图时，要注意以下几点。

（1）标准件不必画零件草图，但应测量其主要规格尺寸，其他数据可查阅相关国标获取，并在明细栏中登记。所有非标准件都必须画出零件草图，并要准确、完整地标注测量尺寸，不得遗漏。

（2）零件间有连接关系或配合关系的尺寸要协调一致。测绘时，只需测出其中一个零件的有关基本尺寸，即可分别标注在两个零件的对应部分上，以确保尺寸的协调。

（3）零件的各项技术要求（包括尺寸公差、形状和位置公差、表面粗糙度、材料、热处理及硬度要求等）应根据零件在装配体中的位置、作用等因素来确定，也可参考同类产品的图纸，用类比的方法来确定。

4. 画装配图和零件图

根据零件草图和装配示意图画出装配图。在画装配图时，要及时纠正草图上的错误，零件的尺寸大小一定要画得准确，装配关系不能画错。

根据画好的装配图和零件草图再画出零件图，对零件草图中的尺寸注法和公差配合的选定，可根据具体情况作适当调整或重新配置，并编出零件的明细栏。

7.2.2 装配图的画法与步骤

装配图必须清楚地表达机器（或部件）的工作原理和各零部件间的相对位置及其装配关系。为了使所画的装配图能达到这一要求，在确定视图表达方案之前，应详尽地了解该机器或部件的工作原理和结构情况，做到心中有数；再根据机器或部件的具体情况选好主视图，进而确定好视图表达方案。

1. 视图表达方案的确定

1）主视图的选择

（1）应满足装配体的工作位置，并尽可能地反映该装配体的特征结构，即使装配体的主要轴线、主要安装面等水平或垂直。

（2）主视图方向应能反映装配体的工作原理、主要装配干线及主要零件的主要结构，当不能在同一视图上反映以上内容时，则应经过比较，取一个能较多反映上述内容的视图作为主视图。

（3）由于多数装配体都有内部结构需要表达，因此，主视图多采用剖视图画出。所取剖视的类型及范围，要根据装配体内部结构的具体情况决定。

2）其他视图的选择

基本视图确定后，若装配体上尚还有一些局部的外部或内部结构需要表达，可灵活地选用局部视图、局部剖视图或断面图等来补充表达。在清晰、准确地表达装配体的情况下，其他视图越简单越好。

2. 画装配图的步骤

（1）确定表达方案，选择比例，确定图幅，画出边框、标题栏和明细栏。布置视图，画出各视图的作图基准线，如对称中心线、主要端面的轮廓线等，如图7-13（a）所示。

布置视图时要注意留出标注尺寸的位置。

（2）画部件的主要结构。一般从主视图入手，先画主要零件及与其相关的重要零件。画剖视图时以装配干线为准，由内向外逐个画出各个零件，也可由外向里画，视作图方便而定。如图7-13（b）所示，先画轴承座、下轴瓦；如图7-13（c）所示，画上轴瓦；如图7-13（d）所示，画出轴承盖。

（3）画部件的次要结构和细部结构。如图7-13（e）所示，逐步画出螺栓、油杯、固定套等。

（4）检查无误后加深图线，画剖面线，如图 7-13（f）所示。

（5）完成全图。标注尺寸，编写零件序号，填写标题栏、明细栏和技术要求等。

（6）完成全图后应仔细审核，然后签署姓名，填写日期，完成后的装配图如图 7-2 所示。

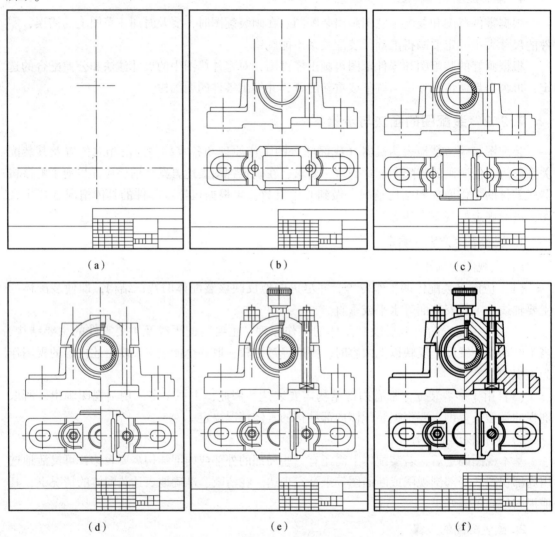

图 7-13 画滑动轴承装配图步骤

（a）布图，画基准线；（b）画轴承座，下轴瓦；（c）画上轴瓦；
（d）画轴承盖；（e）画螺栓、油杯、固定套；（f）加深，画剖面线

7.2.3 装配工艺结构的合理性

为了保证机器或部件的工作性能和便于拆卸、加工，必须注意装配结构的合理性，现将几种典型的装配结构简介如下。

（1）轴肩和孔的端面接触时，在孔口处应加工出倒角、倒圆，如图 7-14（b）所示，

或在轴上加工出退刀槽，如图 7-14（c）所示，以确保两个端面的紧密接触。图 7-14（a）所示的轴肩与孔端面无法靠紧。

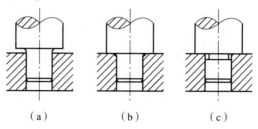

图 7-14　轴肩与孔面接触的工艺结构

（a）无法靠紧；（b）加工出倒角、倒圆；（c）加工出退刀槽

（2）两个零件在同一方向上只允许有一对接触面，否则就需要提高两接触面间的尺寸精度来避免干涉，但这将会给零件的制造和装配等工作增加困难，所以同一方向只宜有一对接触面，如图 7-15 所示。

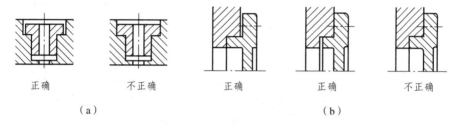

正确　　　不正确　　　正确　　　正确　　　不正确

（a）　　　　　　　　　　　　（b）

图 7-15　两零件接触面的工艺结构

（3）螺纹紧固件的防松结构。为防止机器在工作时产生的振动或冲击，导致螺纹紧固件松动，影响机器的正常工作，甚至诱发严重事故，螺纹连接中一定要设计防松装置。常用的防松装置有双螺母、弹簧垫圈、止退垫圈和开口销等，如图 7-16 所示。

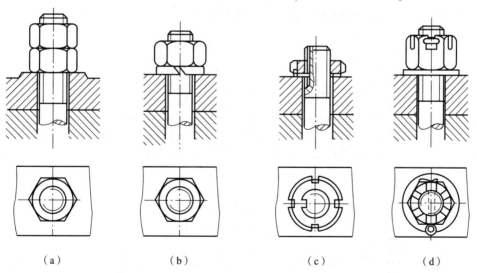

（a）　　　　　（b）　　　　　（c）　　　　　（d）

图 7-16　螺纹紧固件的防松结构

（a）用双螺母防松；（b）用弹簧垫圈防松；（c）用止退垫圈防松；（d）用开口销防松

（4）滚动轴承的轴向定位结构要便于装拆。如图 7-17 所示，轴肩大端直径应小于轴承内圈外径，箱体台阶孔直径应大于轴承外环内径。

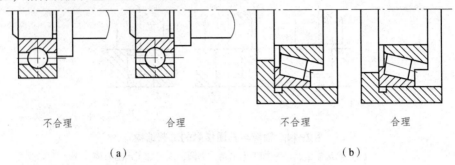

不合理　　　合理　　　　　　不合理　　　合理

（a）　　　　　　　　　　　　（b）

图 7-17　滚动轴承的轴向定位结构要便于装卸

（5）在设计螺栓和螺钉位置时，应有足够的装卸空间，如图 7-18 所示。

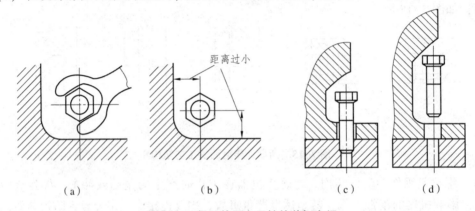

（a）　　　　（b）　　　　（c）　　　　（d）

图 7-18　紧固件要有足够的装卸空间

（6）采用圆柱销或圆锥销定位时，要考虑孔的加工和销的拆装方便，尽可能加工成通孔，如图 7-19 所示。

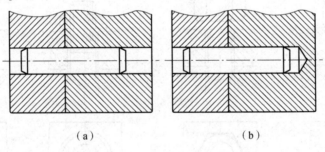

（a）　　　　　　　　　（b）

图 7-19　销孔的工艺结构

（a）合理；（b）不合理

（7）为防止内部的液体或气体向外渗漏，同时也防止灰尘等杂质进入机器，应采取合理的、可靠的密封装置，如图 7-20 所示。

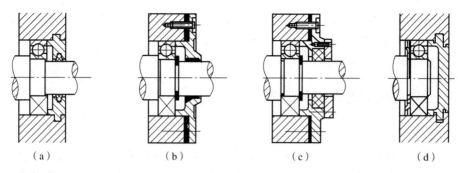

图 7-20　密封装置的结构

（a）毡圈式；（b）沟槽式；（c）皮碗式；（d）挡片式

（8）在安装滚动轴承时，为防止其轴向窜动，有必要采用一些轴向定位结构来固定其内、外圈。常用的结构有：轴肩、台肩、圆螺母和各种挡圈，如图7-21所示。

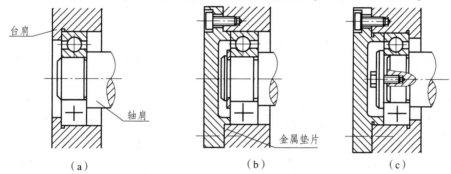

图 7-21　滚动轴承的轴向定位

（9）螺纹连接的合理结构。为了保证螺纹能顺利旋紧，可考虑在螺纹尾部加工退刀槽或在螺孔端口加工倒角。为保证连接件与被连接件的良好接触，应在被连接件上加工出沉孔，如图7-22（a）所示，或凸台，如图7-22（b）所示，而图7-22（c）是不正确的设计。

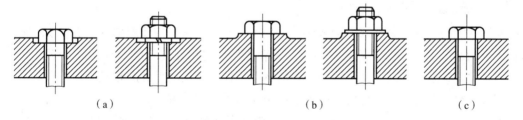

图 7-22　螺纹连接的合理结构

（a）沉孔；（b）凸台；（c）不正确

7.3　读装配图和由装配图拆画零件图

7.3.1　看装配图的要求

（1）了解装配体的名称、用途、性能和工作原理。

（2）搞清楚每个零件的主要结构、作用和数量。

（3）了解各零件之间的装配关系、相对位置和拆装顺序。

（4）了解主要尺寸、技术要求等。

7.3.2　看装配图的方法和步骤

1. 概括了解

看装配图时，首先概括了解一下整个装配图的内容。从标题栏入手，可了解装配体的名称和绘图比例。从装配体的名称联系生产实践知识，往往可以知道装配体的大致用途。通过比例，即可大致确定装配体的大小。

再从明细栏了解零件的名称和数量，并在视图中找出相应零件所在的位置，以及标准件的规格。

另外，浏览一下所有视图、尺寸和技术要求，初步了解该装配图的表达方法及各视图间的大致对应关系，以便为进一步看图打下基础。

通过以上这些内容的初步了解，并参阅有关尺寸，可以对部件的大体轮廓与内容有一个概略的印象。

如图 7-23 所示，部件的名称为齿轮油泵，它是机器中用来输送润滑油的一个部件。齿轮油泵是由泵体，左、右端盖，运动零件（传动齿轮、齿轮轴等），密封零件，以及标准件等所组成。对照零件序号及明细栏可以看出：齿轮油泵共由 14 种零件装配而成，并采用两个视图表达。全剖视的主视图，反映了组成齿轮油泵各个零件间的装配关系。左视图是采用沿左端盖 3 与泵体 1 结合面剖切后移去了垫片 7 的半剖视图 $B{-}B$，它清楚地反映了这个油泵的外部形状，齿轮的啮合情况及吸、压油的工作原理；再以局部剖视图反映吸、压油的情况。齿轮油泵的外形尺寸是：120、85、95，由此知道这个齿轮油泵的体积不大。从技术要求看，该部件应传动平稳、保证供油、不能有渗漏。

2. 了解装配关系和工作原理

对照视图仔细分析研究部件的装配关系和工作原理，这是读装配图的一个重要环节。在概括了解的基础上，分析各条装配干线，弄清各零件间相互配合的要求，以及零件间的定位、连接方式、密封等问题。再进一步弄清运动零件与非运动零件的相对运动关系。经过这样的观察分析，就可以对部件的装配关系和工作原理有所了解。

如图 7-23 所示，泵体 1 是齿轮油泵中主要的零件之一，它的内腔容纳一对吸油和压油的齿轮。将齿轮轴 4、传动齿轮轴 5 装入泵体后，两侧有端盖 3、泵体 1 支撑这一对齿轮轴的旋转运动。由销 6 将端盖与泵体定位后，再用螺钉 2 将端盖与泵体连接成整体。凡属泵、阀类部件都要考虑防漏问题。为了防止泵体与端盖结合面处及传动齿轮轴 5 伸出端漏油，分别用垫片 7、密封圈 8、压紧套 9 及压紧螺母 10 密封。

齿轮轴 4、传动齿轮轴 5、传动齿轮 11 是油泵中的运动零件。当传动齿轮 11 按逆时针方向（从左视图观察）转动时，通过键 12，将扭矩传递给传动齿轮轴 5，经过齿轮啮合带动齿轮轴 4，从而使后者作顺时针方向转动。

根据传动关系可分析其工作原理，如图 7-24 所示。

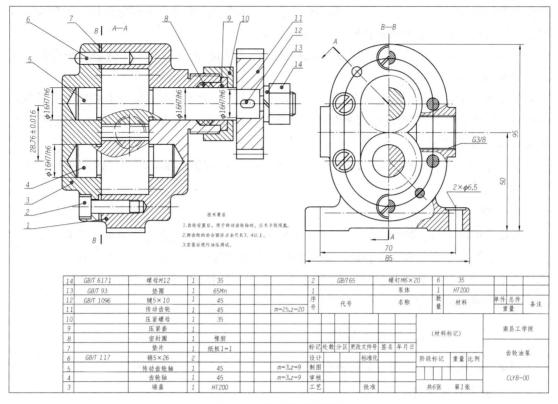

图7-23　齿轮油泵装配图

技术要求

1.齿轮安装后,用于转动齿轮轴时,应无卡阻现象。

2.两齿轮的齿合面应占全尺长3、4以上。

3.安装后进行油压测试。

14	GB/T 6171	螺母M12	1	35		2	GB/T65	螺钉M6×20	6	35		
13	GB/T 93	垫圈	1	65Mn		1		泵体	1	HT200		
12	GB/T 1096	键5×10	1	45		序号	代号	名称	数量	材料	单件 总件 重量	备注
11		传动齿轮	1	45	m=25,z=20							
10		压紧螺母	1	35								
9		压紧套	1					(材料标记)		南昌工学院		
8		密封圈	1	橡胶								
7		垫片	1	纸板1=1		标记 处数 分区 更改文件号 签名 年月日				齿轮油泵		
6	GB/T 117	销5×26	2			设计		标准化				
5		传动齿轮轴	1	45	m=3,z=9	制图		阶段标记 重量 比例				
4		齿轮轴	1	45	m=3,z=9	审核				CLYB-00		
3		端盖	1	HT200		工艺	批准	共6张 第1张				

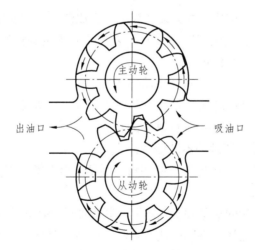

图7-24　齿轮油泵工作原理

　　当一对齿轮在泵体内作啮合传动时,啮合区内右边空间的压力降低而产生局部真空,油池内的油在大气压力作用下进入油泵低压区内的吸油口,随着齿轮的转动,齿槽中的油不断沿箭头方向被带至左边的出油口把油压出,送至机器中需要润滑的部分。

3. 分析装配关系

　　根据零件在部件中的作用和要求,应注出相应的公差带代号。例如,传动齿轮11要带动传动齿轮轴 5 一起转动，除了靠键把两者连成一体传递扭矩外，还需定出相应的配合。在图中可以看到，它们之间的配合尺寸是 $\phi14H7/h6$。

齿轮与端盖在支承处的配合尺寸是 $\phi16H7/h6$，轮轴的齿顶圆与泵体内腔的配合尺寸是 $\phi34.5H8/f7$。

尺寸 28.76 ± 0.016 是一对啮合齿轮的中心距，这个尺寸准确与否将会直接影响齿轮的啮合传动。尺寸 50 是传动齿轮轴线离泵体安装面的高度尺寸。28.76 ± 0.016 和 50 分别是设计和安装所要求的尺寸。

吸、压油口的尺寸 G3/8 属于规格尺寸，它影响进出油的流量；两个螺栓之间的尺寸 70 属于安装尺寸。

4. 归纳总结

根据上面的分析，按照看装配图的要求进行归纳总结，目的是对机器或部件有一个完整的、全面的认识。要达到这一目的，必须根据机器或部件的工作原理，综合分析整个机器或部件的结构特点和安装方法，进一步明确每一个零件的作用、形状、安装关系和拆卸顺序等，从而对机器或部件有更深刻的认识。

7.3.3 由装配图拆画零件图

根据装配图拆画零件图，简称拆图。

1. 拆画零件图注意事项

1）认真阅读装配图

在拆画零件图之前，一定要认真阅读装配图，完成读图的各项要求。分离零件时，应利用投影关系、剖面线方向和间隔、零件编号、装配图的规定画法和特殊表达方法等分离零件，然后想象其形状，了解其作用。

2）构思零件形状，拆出零件补画出所缺的图线

从装配图上分离出零件的结构形状后，要补画出所缺的图线，一般包括：

（1）该零件在装配图上被其他零件遮住的轮廓；

（2）装配图上没有表达清楚的零件结构；

（3）在装配图上省略的标准要素，如倒角、圆角、退刀槽、中心孔等。

3）确定视图表达方案

零件图和装配图所表达的对象和重点不同。装配图的视图选择是从表达装配关系和整个部件情况考虑的，因此在选择零件的表达方案时不能简单照搬，应根据零件的结构形状，按照零件图的视图选择原则重新考虑。因此，原装配图中对该零件的表达方案仅供参考。一般壳体、箱座类零件主视图所选的位置与装配图一致，轴套类零件则一般按加工位置选取主视图。

4）合理标注零件的尺寸

（1）装配图上已注明的尺寸，零件图上应保证不变。

（2）对有标准规定的尺寸，如倒角、螺纹孔、螺栓孔、沉孔、螺纹退刀槽、砂轮越程槽、键槽等，应从手册中查取。

（3）有些尺寸需要根据装配图上所给的参数进行计算，如齿轮分度圆直径，应根据模数和齿数计算而定。

（4）其他未注的尺寸可按装配图的比例，直接从图形上量取，对于一些非重要尺寸，应取整数。

5）合理注写零件的技术要求

在零件图中应注写表面粗糙度代号、公差配合代号或极限偏差，必要时还要加注形位公差、热处理等技术要求。这些内容可根据零件在装配体中的作用并参阅有关资料予以确定。

2. 拆画零件图举例

现以拆画图 7-23 齿轮油泵装配图中的泵体为例，介绍拆图的方法和步骤。

1）确定零件的结构形状

由主视图可见：泵体上部有传动齿轮轴 5 穿过，下部有齿轮轴 4 轴颈的支承孔，在右部的外圆柱面凸缘上有外螺纹，用压紧螺母 10 通过压紧套 9 将密封圈 8 压紧在轴的四周。由左视图可见：泵体右端面的外形为长圆形，沿周围分布有六个螺钉沉孔和两个圆锥销孔。

拆画此零件时，先从主视图上区分出泵体的视图轮廓，由于在装配图的主视图上，泵体的一部分可见投影被其他零件所遮，因此它是一幅不完整的图形，根据此零件的作用及装配关系，可以补全所缺的轮廓线。

2）确定视图表达方案

通过分析，主视图的投射方向应与装配图一致。它既符合该零件的安装位置、工作位置和加工位置，又突出了零件的结构形状特征。这样的盘盖类零件主要用两个视图表达，从装配图的主视图中拆画泵体的图形，显示了右端各部分的结构，仍可作为零件图的主视图，采用全剖视，能清楚地表达其内部结构，如阶梯孔、锥孔、螺孔等。左视图能显示较多的可见轮廓，还应将外螺纹凸缘部分向上布置，而局部剖体现进油口结构，可减少一个视图。为了体现泵体右边形状，用一个 B 向视图。为了体现泵体底部的连接孔，补画一个 C 向局部视图。这样，泵体的完整结构已完全表达出来，如图 7-25 所示。

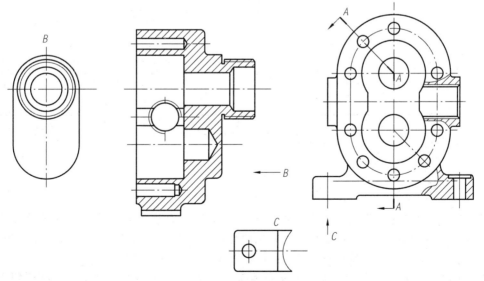

图 7-25 泵体的完整结构

机械工程制图

3）尺寸标注

（1）装配图上已标注的尺寸和能在装配图上测量出的尺寸，可直接标注出来。如图7-23中泵体底部安装孔的尺寸φ6.5及其定位尺寸70，齿轮轴4、传动齿轮轴5的中心距尺寸28.76±0.016，进油口的高度尺寸50等。

（2）零件上的标准结构，如泵体凸缘上的螺纹M30×1.5、沉头螺钉用的螺孔6×M6，其中螺纹孔深20，底孔深23等尺寸查有关标准确定。

（3）为确保圆锥销定位的准确性，圆锥销孔应与左端盖同时加工。

（4）注意泵体与左端盖尺寸的协调一致性，如销孔的定位尺寸R23和45°。

4）技术要求

参照同类产品，填写技术要求。根据装配图上给定的配合性质、公差等级，查阅手册确定其极限偏差。根据零件的要求选择合适的表面粗糙度。

图7-26是泵体的零件图，它完整、清晰地表达了这个泵体。

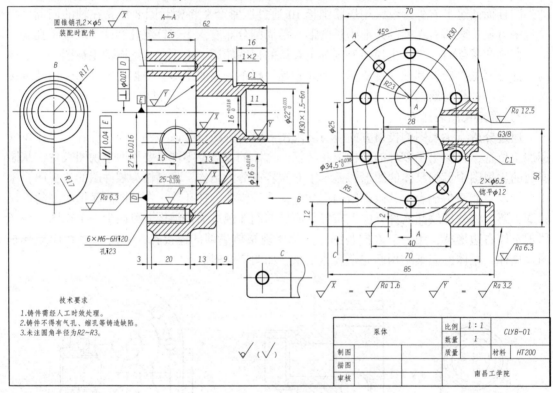

图7-26　泵体的零件图

小　结

1. 本章主要介绍了装配图的作用和内容、装配图的表达方案、装配图的尺寸标注、装配图上的序号编写及原则、装配图上明细栏的填写；装配图的工艺结构；画装配图的方法、步骤与技巧；装配图的读图方法与步骤；由装配图拆画零件图的方法与步骤。

2. 通过本章学习，应能识读中等复杂程度的装配图（20种零件左右），能绘制中等复杂程度的装配图。

练习题

1. 装配图的作用和内容有哪些？

2. 装配图有哪些规定画法和特殊画法？

3. 装配图上应标注哪几类尺寸？

4. 装配图和零件图在尺寸标注方面有什么不同？

5. 画装配图和看装配图的方法和步骤有哪些？

6. 怎样进行部件测绘？

7. 部件测绘应注意什么问题？

8. 如何从装配图上拆画零件图？

9. 如何在装配图上编写零件序号？在明细栏中如何填写零件序号？

第 8 章
计算机绘图基本知识

本章要点 ▶▶▶ ▶

- AutoCAD 的基本知识
- AutoCAD 的基本操作

本章说明 ▶▶▶ ▶

计算机辅助设计（Computer Aided Design，CAD）是将计算机应用于产品设计全过程的一门综合技术。它以计算机为主要手段产生各种数字与图形信息，并运用这些信息进行产品设计。CAD 技术主要包括计算机辅助建模、计算机辅助结构分析计算、计算机辅助工程数据管理等内容。随着计算机技术的不断发展，CAD 所能完成工作的复杂性将不断提高。

8.1 AutoCAD 的基本知识

要懂得对组合体的基本形体分析，首先就要了解组合体的一些基本形式，通过对基本形式的了解来掌握常见的组合体的形体分析方法。

8.1.1 概述

传统的手工绘图方式效率低、劳动强度大、周期长，而且图纸的质量也不易保证。随着现代科学技术的进步，某些图纸越来越复杂，对图的精度要求越来越高，传统的手工绘图方式已不能胜任。因此，摆脱传统的手工绘图方式的工作势在必行。计算机绘图就是运用计算机图形学的原理和方法绘图，从而提高绘图速度、绘图精度和工作效率。

CAD 就是利用计算机的功能（如 AutoCAD 的绘图功能）来进行各种设计。计算机绘图是 CAD 的内容之一，即用计算机来帮助产生工作图和工程文件，设计者和 CAD 系统应被视为一个整体，设计者提供知识、创造力而且控制计算机；计算机则产生精确的、能随时修改的图形，高速进行设计分析，并可以存储和恢复设计信息。计算机辅助设计在机械零件设计，建筑设计，汽车、船舶、飞机的外形设计，电子设备设计等方面已经是不可缺少的工具，而且各项技术也已经很成熟了。

AutoCAD 是由美国 Autodesk 公司开发的通用 CAD 软件包，是现今设计领域使用最为广泛的绘图工具。AutoCAD 自从 1982 年诞生以来，为了适应计算机技术的不断发展和用户的设计需要，先后进行了多次修订，而且每一次修订都伴随着软件性能的大幅度提高。AutoCAD 从最初的基本的二维制图发展到集二维制图、三维制图、渲染显示、数据库管理和 Internet 通信等为一体的通用计算机辅助设计软件包。本书以 Autodesk 公司在 2020 年推出的 AutoCAD 2021 为例进行介绍。

AutoCAD 在机械制图领域具有很高的使用价值，不论多么复杂的机械零件，都能够用图形准确地将其表达出来。一般来说，构成一个零件的图形均由直线、曲线等构成。利用 AutoCAD，可以很方便地绘制直线、圆、椭圆等，还可以对基本图形进行编辑，因此它具有无法比拟的优点。首先，它具有图形库，有些基本图形不用再画直接插入即可；通过各种命令可以简化作图，如通过"复制""镜像""阵列"等命令能够迅速地从已有图形得到其他图形；当设计系列产品时，可以方便地根据已有图形绘出新图形；利用 AutoCAD 能够满足国家《机械制图》标准对机械图形的线宽、文字样式等的要求。基于以上优点，AutoCAD 在机械制图领域应用十分广泛。通过二维制图、三维制图可以把复杂的零件剖析得很清楚，大大地提高了绘图的可视性；与此同时，它也为机械设计人员提供了相当大的辅助功能。

8.1.2　AutoCAD 2021 的用户界面

AutoCAD 2021 的用户界面主要由绘图窗口、菜单栏、工具栏、命令提示窗口、滚动条、状态栏等部分组成。进行工程设计时，用户通过工具栏、下拉菜单或命令提示窗口发出命令，在绘图区中画出图形，而状态栏则显示出作图过程中的各种信息，并给用户提供各种辅助绘图工具。因此，要顺利地完成设计任务，完整地了解 AutoCAD 2021 界面各部分功能是非常重要的。

图 8-1 所示 AutoCAD 2021 的用户界面中的白色界面为绘图窗口，绘图窗口是用户绘图的工作区域，图形将显示在该窗口中。绘图区域的右上角有一个视图选择图标，它指示了绘图区域的方位，图标中"WCS"表示 AutoCAD 当前使用的是世界坐标系。坐标中"X、Y"分别为 X 轴和 Y 轴的方向。

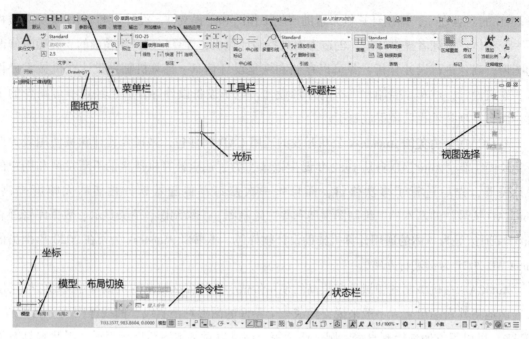

图 8-1　AutoCAD 2021 的用户界面

当移动鼠标时，绘图区域的十字光标会跟随移动，与此同时在绘图区域底部的状态栏中将显示出光标点的坐标读数。如果想让坐标读数以极坐标形式显示，可通过连续按〈F6〉键来实现。绘图窗口有两种作图环境，一种为模型空间，另一种为图纸空间；在此窗口下有三个选项卡，如图 8-2 所示。

1. 菜单栏

AutoCAD 2021 默认隐藏了菜单栏，显示菜单栏的方法有两种：

（1）在用户界面左上方的快速访问工具栏的右端，单击下拉菜单→"显示菜单栏"，如图 8-3 所示；

（2）在命令提示下，输入 MENUBAR，再在命令栏输入 1，可显示菜单栏。

图 8-2　AutoCAD 2021 作图环境的选项卡　　　图 8-3　AutoCAD 2021 显示菜单栏

单击菜单栏中的菜单项，将弹出下拉菜单。下拉菜单中包含了 AutoCAD 的核心命令和功能，用鼠标选择菜单中的某个选项，AutoCAD 就会执行相应命令。AutoCAD 菜单选项有以下三种形式。

（1）菜单项后面带有三角标记。当选择它时将弹出新菜单，可以进行下一步选择。

（2）菜单项后面带有省略标记。选择这种菜单项后，AutoCAD 将打开一个对话框，通过此对话框进行下一步的操作。

（3）单独的菜单项。

2. 工具栏

工具栏提供了调用 AutoCAD 命令的快捷方式，其中包含了许多命令按钮，单击某个按钮，AutoCAD 将执行相应命令，如图 8-4 所示。

图 8-4　AutoCAD 2021 的工具栏

3. 命令提示窗口

当用户输入命令时，AutoCAD 将提示信息在命令提示窗口（见图 8-5）中显示出来，它是用户和计算机交流的窗口。

图 8-5　AutoCAD 2021 的命令提示窗口

4. 滚动条

AutoCAD 2021 是一个多文档设计环境，用户可以同时打开多个绘图窗口，而每一个绘图窗口的右边及底边都有滚动条。

5. 状态栏

绘图过程中的许多信息将在状态栏中显示出来，状态栏中主要有多个控制按钮，如图 8-6 所示，从左至右分别为"模型""栅格""捕捉到图形栅格""正交""极轴""等轴测绘""对象捕捉追踪""对象捕捉""显示注释对象""注释比例更改时自动将比例添加至注释性对象""当前视图的注释比例""切换工作空间""注释监视器""隔离对象""全屏显示"和"自定义",单击这些按钮,可以在"打开"和"关闭"两种不同的状态之间切换,或是在下拉菜单中选择所需命令。

图 8-6　AutoCAD 2021 的状态栏

其中,常用按钮功能如下。

(1) 模型:图形空间可以与图纸空间相互切换,当处于模型空间时单击"模型"按钮可以切换到图纸空间。

(2) 栅格:这个按钮可以打开或关闭栅格显示。当打开栅格时,屏幕上会布满小点,如图 8-7 所示。栅格是显示可见的参照网格点,以便帮助用户定位对象。栅格点仅仅是一种视觉辅助工具,并不是图形的一部分,所以绘图输出时并不输出栅格点。

(3) 捕捉到图形栅格:用于限制十字光标,使其按照用户定义的间距移动。如果启用了"捕捉",在创建或修改对象时,光标可以附着或捕捉到不可见的矩形栅格。

(4) 正交:可以通过它控制正交方式。当打开正交模式时所绘出的线为水平线或垂直线。该命令的打开与关闭可以用〈F8〉键进行切换。

(5) 极轴:该按钮控制极坐标捕捉模式的打开或关闭,通过"草图设置"对话框中的"极轴追踪"选项卡来设置捕捉的角度增量,如图 8-8 所示。

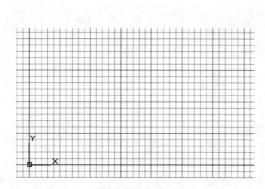

图 8-7　栅格

图 8-8　"极轴追踪"选项卡

(6) 等轴测绘:通过沿三个主要的等轴测轴对齐对象,模拟三维对象的等轴测视图。

(7) 对象捕捉追踪:该按钮控制是否使用自动追踪功能。我们所说的自动追踪就是指当 AutoCAD 自动捕捉到图形中某点后,再以这一点为基准点沿着正交或某一极轴方向寻找下一点,与此同时 AutoCAD 还在追踪方向上显示一条辅助线。对象追踪可以在"对象捕捉追踪设置"区域中完成,如图 8-8 所示。

(8) 对象捕捉:该按钮控制对象捕捉模式的打开或关闭。当打开此模式时,AutoCAD 2021 将自动捕捉圆心、端点、中点等几何点。它的设置可以在"草图设置"对话框的"对象捕捉"选项卡中实现,如图 8-9 所示。对象捕捉追踪与对象捕捉功能相关,启用对象捕捉追踪功能之前必须启用对象捕捉功能。利用对象捕捉追踪可产生基于对象捕捉点的辅助线。

图8-9　"对象捕捉"选项卡

6. 对话框

AutoCAD 内包含有对话框程序，许多命令允许用户在对话框中进行设置模式、选择菜单、拾取按钮或输入文本及参数值等操作。图8-10是选择下拉菜单"格式"中"点样式"选项后，出现的对话框。

8.1.3　命令执行方法

使用 AutoCAD 进行绘图工作时，必须输入并执行一系列命令。底部命令行窗口提示有"命令:"，此时表示 AutoCAD 已处于命令状态并准备接受命令。命令的输入以鼠标和键盘最为常见。

1. 用键盘输入命令

用键盘输入命令时，大、小写状态下均可在命令行"命令:"提示符后键入命令名，接着按〈Enter〉键或〈Space〉键即可。在命令行中将显示有关该命令的输入提示和选择项提示。

2. 用下拉菜单输入命令

在菜单栏用鼠标单击一项标题，则出现一下拉菜单，要选择某一菜单项，可用鼠标单击。图8-11为"视图"下拉菜单。

3. 用图标菜单输入命令

图标菜单是一组图标型工具的集合，把光标移到某个图标，稍停片刻即在该图标一侧显示相应的工具提示。单击图标可以启动相应的命令。

在默认的情况下，可以见到顶部的"绘图"工具条、"修改"工具条、"注释"工具条等，如图8-12所示。

4. 重复执行命令

在 AutoCAD 执行某个命令后，如果要立即执行该命令，则只需在"命令:"提示符出现后，按一下〈Enter〉键或者〈Space〉键即可（右击与此等效）。

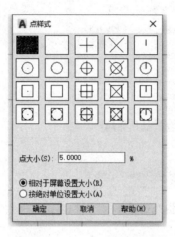

图 8-10 "点样式"对话框

图 8-11 "视图"下拉菜单

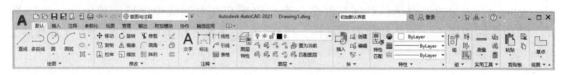

图 8-12 工具条

5. 命令的撤销

如果发觉已经激活并进入执行状态的命令不是所希望激活的命令，那么可以按键盘上的〈Esc〉键，这时系统立即中止正在执行的命令，重新返回接受命令的状态，即在命令行上显示"命令："提示符。有些命令要连续按两次或者三次〈Esc〉键，才能返回到"命令："提示符状态。

6. 透明命令

AutoCAD 可以在某个命令正在执行期间，插入执行另一个命令。这个中间插入执行的命令须在其命令名前加一个撇号"'"作为前导，我们称这种可从中间插入执行的命令为透明命令。最常用的透明命令有：

'HELP（寻求帮助）；'REDRAW（重画）；'DDRMODES（绘图方式对话框）；'PAN（平移图形）；'ZOOM（缩放图形）；'DDLMODES（图层控制对话框）。

7. 命令的缩写

除了输入完整的命令外，还可以输入命令缩写（见表 8-1），如 LINE（画直线）可以仅仅输入 L，ZOOM（缩放）输入 Z 等。

表 8-1 完整命令与命令缩写

命令内容	画圆弧	画直线	重画	删除	多线段	拷贝	移动	画圆	图层	缩放
完整命令	ARC	LINE	REDRAW	ERASE	PLNE	CPOY	MOVE	CIRCLR	LAYER	ZOOM
缩写	A	L	R	E	PL	CP	M	C	LA	Z

8.1.4 数据输入方法

每当输入一条命令后，通常还需要为命令的执行提供一些必要的附加信息。例如，输入CIRCLE（画圆）命令后，为了能画出唯一确定的圆，就必须输入圆心的位置和圆的半径大小。

1. 数值的输入

AutoCAD 的许多提示符要求输入表示点的位置的坐标值、距离、长度等数值。这些数值可从键盘上使用下列字符输入：+，−，1，2，3，4，5，6，7，8，9，0，E，·，/。

2. 坐标的输入

当命令行窗口出现"指定1点："提示时，表示需要用户输入绘图过程中某个点的坐标。因为图形总是要在一定的坐标系中进行绘制的，AutoCAD 最常用的一般是直角坐标系和极坐标系。

在直角坐标系中，二维平面上一个点的坐标用一对数值 (x, y) 来表示。例如，点坐标 $(10.2, 17)$，表示该点的 x 坐标是 10.2，y 坐标是 17。输入该点的两个坐标值时，中间要用逗号"，"分开。坐标值前面有"@"符号时，表示该点坐标为相对坐标，相对坐标是指输入点相对于当前点的位置关系。

在极坐标系中，二维平面上一个点的坐标，用该点距坐标系原点的距离和该距离向量与水平正向夹角的角度来表示。其表现形式为 $(d<\alpha)$，其中 d 表示距离，α 表示角度，中间用"<"分隔。用相对坐标方式输入时，要在输入值的第一个字符前键入字符"@"作为前导。

例 8−1 绘制图 8−13 所示的直线图形。

解： 命令：LINE

指定第一点：@50，100	（1 点）
指定下一点或［放弃（U）］：@50<−60	（2 点）
指定下一点或［闭合（C）/放弃（U）］：@100<60	（3 点）
指定第一点或［闭合（C）/放弃（U）］：@60，0	（4 点）
指定第一点或［闭合（C）/放弃（U）］：（Enter）	（结束直线命令）

3. 距离的输入

在绘图过程中 AutoCAD 有许多输入提示，要求输入一个距离的数值，这些提示符有 Height（高度），Width（宽度），Radius（半径），Diameter（直径），Column Distance（列距），Row Distance（行距）等。

当 AutoCAD 提示要求输入一个距离时，可以直接使用键盘键入一个距离数值；也可以使用鼠标指定一个点的位置，系统会自动计算出某个明显的基点到该指定点的距离，并以该距离作为要输入的距离接收。此时，AutoCAD 会动态地显示出一条从基点到光标所在位置间的橡皮筋线，让用户可以看到测得的距离，以便判断确定。

4. 角度的输入

当出现"角度："提示时，表示要求用户输入角度值，AutoCAD 上的角度一般以"度"为单位，但用户也可以选择弧度、梯度或度/分/秒等单位制。角度的值按以下规则设定：角度的起始基准边（即0°角）水平指向右边（即 X 轴正向），逆时针方向的增量为正角，顺时针方向的增量为负角，如图 8-14 所示。

当用键盘输入时，可直接在"角度:"提示后键入角度值。

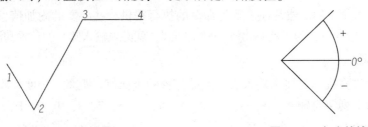

图 8-13　直线图形　　　　　　　　　　图 8-14　角度的输入

8.1.5　图形文件管理

图形文件管理一般包括建立和打开图形文件、输入和输出图形文件、保存图形文件等。以下分别进行介绍。

1. 建立和打开图形文件

1）建立新文件

当打开 AutoCAD 2021 时，出现的是 AutoCAD 2021 的用户界面。那么建立一新图形文件的方式为：选择"文件"→"新建"命令，或者单击文件下面的图标▯，可新建一张图形文件，结果如图 8-15 所示，可从中选择所要的图形样板。

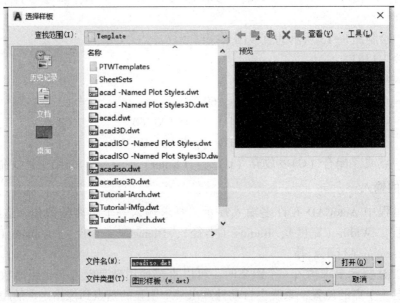

图 8-15　"选择样板"对话框

2）打开新文件

选择"文件"→"打开"命令或输入 OPEN 命令，AutoCAD 将弹出"选择文件"对话框，如图 8-16 所示，用户可以通过此对话框选择要打开的文件。如果用户不知道要打开文件的位置，也可利用该对话框搜索要打开的文件。另外，在该对话框中还能方便地浏览已有图形文件的内容。

3）搜索图形文件

单击"选择文件"对话框中的"查看"按钮，弹出下拉菜单，选择"详细资料"选项，如图8-17所示，用户在此界面可指定图形文件目录、文件类型、文件名称、文件大小等限制条件，AutoCAD将在左边的列表框中显示出所有符合条件的图形文件的预览图像。

图 8-16 "选择文件"对话框   图 8-17 "详细资料"选项

2. 输入和输出图形文件

1）输入图形文件

AutoCAD 2021可以输入多种格式的图形文件，输入IMPORT命令，弹出"输入文件"对话框，如图8-18所示。在此对话框的"文件类型"下拉列表中可以选择输入文件的类型。

AutoCAD 2021能够输入以下类型的图形文件：

3D Stuio（*.3ds）、ACIS（*.sat）、CATIA V4（*.model；*.session；*.exp；*.dlv3）、CATIA V5（*.CATPart；*.CATProduct）、IGES（*.iges；*.igs）、Inventor（*.ipt；*.iam）、JT（*.jt）、图元文件（*.wmf）、MicroStation DNG（*.dng）、NX（*.prt）、Parasolid二进制文件（*.x_b）、Parasolid文本文件（*.x_t）、PDF文件（*.pdf）、Pro/Engineer（*.prt；*.asm*）、Pro/Engineer Granite（*.g）、Pro/Engineer Neutral（*.neu*）、Rhino（*.3dm）、SolidWorks（*.prt；*.sldprt；*.asm；*.sldasm）、STEP（*.ste；*.stp；*.step）、所有DGN文件（*.*）

2）输出图形文件

在AutoCAD中，可以将当前图形文件以多种格式输出，选择"文件"→"输出"命令，弹出"输出数据"对话框，如图8-19所示。

图 8-18 "输入文件"对话框   图 8-19 "输出数据"对话框

在此对话框的"文件类型"下拉列表中可以选择文件的保存格式。该下拉列表中的内容如下：

三维 DWF（＊.dwf）、图元文件（＊.wmf）、ACIS（＊.sat）、平板印刷（＊.stl）、封装 PS（＊.eps）、DXX 提供（＊.dxx）、位图（＊.bmp）、块（＊.dwg）、V8 DGN（＊.dgn）、V7 DGN（＊.dgn）、IGES（＊.iges）、IGES（＊.igs）。

3. 保存图形文件

保存图形元件的方法如下（假定保存文字样式"工程字-20"）。

（1）保存图形前，先将文字样式"工程字-20"设为当前样式；并通过选择"视图"→"缩放"→"全部"命令将整个图幅显示在绘图区域。

（2）选择"文件"→"另存为"命令，AutoCAD 弹出"图形另存为"对话框。利用该对话框进行相应设置，如图 8-20 所示。

图 8-20 "图形另存为"对话框

从图 8-20 中可以看出，已通过"文件类型"下拉列表将文件保存类型设置为"AutoCAD 2018（＊.dwg）"，并通过"文件名"文本框将文件命名为"Drawing.dwg"。

（3）单击对话框中的"保存"按钮，AutoCAD 将对图形进行保存。

8.2 AutoCAD 的绘图环境

与手工绘图一样，在绘图之前，应先考虑图幅大小、绘图的单位、图线的线型等内容，因此，对这些内容，在开始绘新图时，要根据需要进行设置。

绘图环境设置命令主要集中在"格式"下拉菜单中，如图 8-21 所示。

图8-21 "格式"下拉菜单

8.2.1 图形界限的设置

图幅的大小取决于要绘制的图形、尺寸标注、文字说明等内容所占空间。用于设置绘图范围的命令是LIMITS。选择"格式"→"图形界限"命令，即执行LIMITS命令，AutoCAD提示执行方式有两种：

命令行：LIMITS

下拉菜单：格式→图形界限（A）

第1章表1-1为图纸幅面尺寸，它给出了国家机械制图标准对图纸幅面及图框格式的规定。

若要设置A3图幅，执行了LIMITS命令后，在命令行中进行如下操作：

指定左下角或"开（ON）/关（OFF）"<0，0>↙（符号↙表示按〈Enter〉键）

指定右上角点：420，297↙

此时完成绘图范围的设置。为了使所设绘图范围有效，还需要利用LIMITS命令的"打开（ON）"选项进行相应的设置。设置过程如下：

再执行LIMITS命令，AutoCAD提示：

指定左下角或"开（ON）/关（OFF）"<0，0>：ON↙

选择ON选项后，就可以使所设绘图范围有效，即用户只能在已设坐标范围内绘图。如果所绘图形超出范围，AutoCAD将拒绝绘图，并给出相应的提示。

8.2.2 主单位的设置

单击新建标注样式中的"主单位"标签，AutoCAD切换到"主单位"选项卡，在该选项卡中进行有关设置。

"主单位"标签左侧包含线性标注、测量单位比例、消零，右侧包含角度标注、消零。

（1）线性标注：包含单位格式（U）、精度（P）、分数格式（M）、小数分隔符（C）、舍入（R）、前缀（I）、后缀（S）。

①单位格式（U）：可以输入各种形式，如小数。

②精度（P）：不同的图形要求不同的精度，经常采用的是"0"。

③分数格式（M）：一般情况默认为"水平"。

④小数分隔符（C）：用"."（英文状态下的句号）来表示。

⑤舍入（R）：一般情况默认为"0"。

⑥前缀（I）、后缀（S）：一般情况下不用，可视具体情况进行设定，请读者自己运用。

（2）测量单位比例：包含比例因子（E）、仅用到布局标注。

①比例因子（E）：一般情况默认为"0"，视具体情况而定。

②仅用到布局标注：它只能选是或不是，根据需要而定。

（3）消零：包含前导（L）、后续（T）、0英尺（F）、0英寸（I）。

①前导（L）、后续（T）：它们也是单一选项，通常情况下会看到"后续（T）"为必选项。

②0英尺（F）、0英寸（I）：通常情况为"灰色"，不用考虑。

（4）角度标注：包含单位格式（A）、精度（O）。

①单位格式（A）：度/分/秒。

②精度（O）：0d。

8.2.3 草图设置

选择"格式"→"图层"命令，将弹出"图层特性管理器"对话框，如图8-22所示。右击屏幕最下侧的状态栏开关，选择"设置（S）…"，也可以选择"工具"→"草图设置"命令，弹出"草图设置"对话框。

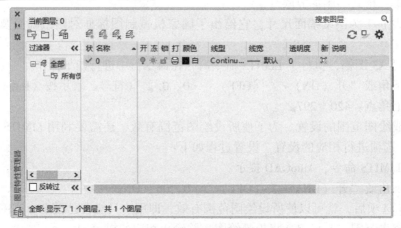

图8-22　"图层特性管理器"对话框

下面介绍一下"草图设置"对话框。

（1）该对话框上方是可以切换的选项卡，选择最左侧的"捕捉和栅格"选项卡并进行设置。此时，位于对话框左侧的是"启用捕捉（F9）（S）"复选框。"捕捉X轴间距（P）："项表示捕捉的水平间距；"捕捉Y轴间距（C）："项表示捕捉的垂直距离；"角度（A）："项表示的是捕捉的倾斜角度；"X基点（X）：""Y基点（Y）："表示捕捉的作用范围。

在右下侧的"捕捉类型和样式"选项组中单击"极轴捕捉（O）"单选按钮，此时可以进行极轴间距的设置。在左侧的"极轴间距"选项组中设置"极轴距离（D）："为"0"（默认值），这种栅格的特点是在沿一定角度绘制直线时，能够控制直线的绝对长度而不是投射长度，使之成为栅格距离的倍数。

（2）选择对话框中间的"极轴追踪"选项卡，切换到角度限制设置状态，接下来勾选左上方"启动极轴追踪"复选框，表示打开对角度的限制开关。那么在绘制直线时，就只能从某些特定的角度绘制了。在其下方的"极轴角度设置"选项组中的"增景角"项选择或输入数字（注意，在右下角的角度关系中的"极轴角测量"项应该选择第一项"绝对"）。这样，则只提示与水平线之间的角度。

（3）选择第三个"对象捕捉"选项卡，可以进行各种捕捉方式的设置，如图8-23所示。

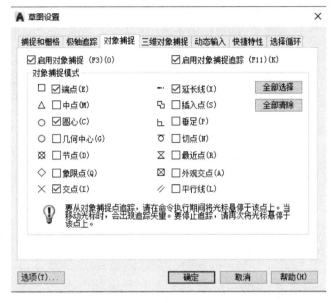

图8-23　"对象捕捉"选项卡

8.2.4　图层设置

在绘制机械图形时，通常要用多种线型。用 AutoCAD 绘图时，实现线型要求的一般做法是：建立一系列具有不同绘图线型和不同绘图颜色的图层，绘图时，将具有同一线型的图形对象放在同一图层。即具有同一线型的图形对象将会以相同的颜色显示。表8-2给出了常用的图层设置。

表8-2　常用的图层设置

绘图线型	图层名称	颜色	AutoCAD 线型
粗实线	粗实线	白色	Continuous
细实线	细实线	红色	Continuous
波浪线	波浪线	绿色	Continuous
虚线	虚线	黄色	DASHED
中心线	中心线	红色	CENTER
尺寸标注	尺寸标注	青色	Continuous
剖面线	剖面线	红色	Continuous
文字标注	文字标注	绿色	Continuous

用于进行图层管理的命令是 LAYER。单击"图层"工具栏上的"图层"按钮，或选择"格式"→"图层"命令，可以执行 LAYER 命令，将弹出"图层特性管理器"对话框，如图 8-22 所示。

下面以定义"波浪线"图层为例说明具体过程。已知"波浪线"图层的绘图线型为 DASHED，绘图颜色为红色。

（1）单击对话框中的"新建"按钮，AutoCAD 自动建立名为"图层 1"、颜色和线型分别为"白色""Continuous"（实线）的新图层。将"图层 1"改为"波浪线"的方法：单击"图层 1"，然后输入"波浪线"，结果如图 8-24 所示。

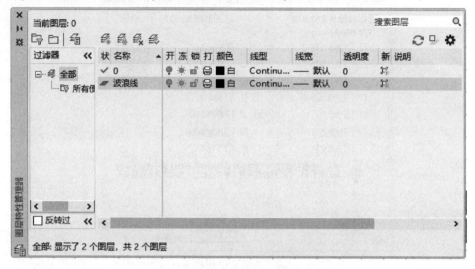

图 8-24　定义新图层

（2）根据图层设置表格，需要将"波浪线"图层的绘图颜色改为红色。单击图 8-24 中的"波浪线"行中的"白"项，弹出"选择颜色"对话框。从中选择红色后单击对话框中的"确定"按钮，完成颜色的设置。

（3）根据图层设置表格，还需要将"波浪线"图层的绘图线型更改为 DASHED 线型。

单击图 8-24 中的"波浪线"行中的 Continuous 项，弹出用于确定绘图线型的"选择线型"对话框，如图 8-25 所示。

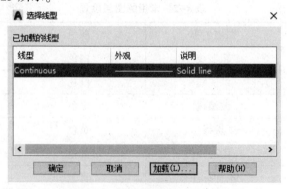

图 8-25　"选择线型"对话框

（4）可通过对话框中的"已加载的线型"列表框来选择对应的绘图线型。如果列表框中没有需要的线型（如图 8-25 所示，对话框中没有 DASHED 线型），则需要先通过"加载"按钮加载对应的线型。单击"加载"按钮，AutoCAD 弹出"加载或重载线型"对话框，从该对话框中选中 DASHED 线型后，单击"确定"按钮，AutoCAD 返回到"选择线型"对话框，并在"已加载的线型"列表框中显示出 DASHED 线型。选择该线型，单击对话框中的"确定"按钮，完成对"波浪线"图层的线型设置，结果如图 8-26 所示。

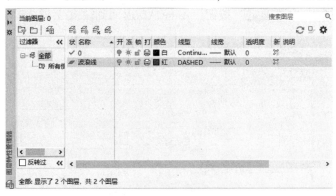

图 8-26　图层中的线型设置

（5）用类似的方法，设置表格所示的其他图层。

（6）单击对话框中的"确定"按钮，完成图层的定义。当希望在某图层上用该图层的线型和颜色绘图时，应首先将该图层设置为当前层，然后开始绘图。

8.2.5　文字样式的设置

绘制图形时经常需要标注文字，其详细要求参考相应国家标准。

下面介绍怎样使用 AutoCAD 定义符合国家要求的文字样式。在定义文字样式时，需要对相应的中文字体进行设置。AutoCAD 2021 本身提供了可标注符合国际制图标准的中文字体：gbenor. shx 和 gbcbig. shx，其中 gbenor. shx 用于标注直体，gbcbig. shx 则用于标注斜体。

下面根据 gbenor. shx 和 gbcbig. shx 字体文件定义符合国标要求的文字样式。假设新文字样式的文件名为"工程字-20"，字高为 2.5，操作如下。

（1）用于定义文字样式的命令为 STYLE。单击"格式"工具栏上的"文字样式管理器"按钮，将执行 STYLE 命令，AutoCAD 弹出"文字样式"对话框，如图 8-27 所示。

图 8-27　"文字样式"对话框

（2）单击行对话框中的"新建"按钮，AutoCAD 弹出"新建文字样式"对话框，在"样式名"文本框中输入"工程字-20"，如图 8-28 所示。

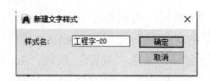

图 8-28 "新建文字样式"对话框

（3）单击对话框中的"确定"按钮，AutoCAD 返回到"文字样式"对话框，如图 8-29 所示。

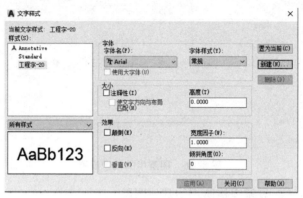

图 8-29 返回到"文字样式"对话框

（4）在图 8-29 所示的对话框中，从"字体"选项组中的"字体名"下拉列表中选择 gbenor.shx，勾选"使用大字体"复选框，勾选后 AutoCAD 将原来的"文字样式"下拉列表替换成"大字体"下拉列表。在"大字体"下拉列表中选择 gbcbig.shx，再在"高度"数值框中输入 2.5，如图 8-30 所示。

图 8-30 选择字体后的对话框

现在设置的为符合国家要求的文字样式设置。需要注意的是，由于在字体文件中已经考虑了字的高度比例，所以应在"宽度比例"数值框中输入"1"。当完成了上述的设置后，单击对话框中的"应用"按钮，完成新文字样式的设置。单击"关闭"按钮，AutoCAD 关闭对话框，并将文字样式"工程字-20"设置为当前样式。

8.2.6 标注样式的设置

《机械制图》标准对尺寸标注的样式也有具体的要求，下面将定义符合《机械制图》标准的尺寸标注样式。定义尺寸标注样式的命令是 DIMSTYLE。单击"样式"工具栏上的

"标注样式管理器"按钮，或选择"标注"→"样式"命令，即执行 DIMSTYLE 命令，Au-toCAD 弹出"标注样式管理器"对话框，如图 8-31 所示。

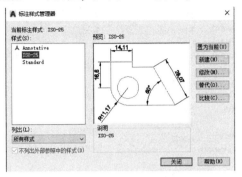

图 8-31 "标注样式管理器"对话框

单击对话框中的"新建"按钮，在弹出的"创建新标注样式"对话框的"新样式名"文本框中输入"尺寸-20"，其余采用默认设置，如图 8-32 所示。

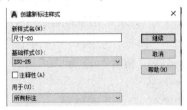

图 8-32 "创建新标注样式"对话框

单击"继续"按钮，AutoCAD 弹出"新建标注样式：尺寸-20"对话框。在该对话框中切换到"线"选项卡，并进行相关设置，如图 8-33 所示。从图中可以看出，已进行的设置有：将"基线间距"设为"5.25"；将"超出尺寸线"设为"1.75"；将"起点偏移量"设为"0.875"。

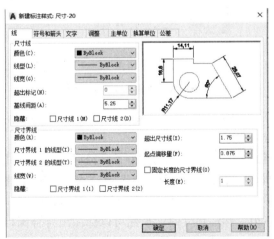

图 8-33 "线"选项卡

单击图 8-33 所示的"文字"标签，切换到"文字"选项卡，在该选项卡中设置尺寸文字方面的特性，如图 8-34 所示。

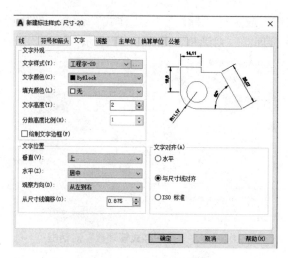

图 8-34　"文字"选项卡

从图中可以看出，已将"文字样式"设为"工程字-20"，将"文字高度"设为"2"，将"从尺寸线偏移"设为"0.875"，其余采用基础样式 ISO-25 的设置。

单击图 8-33 所示的"主单位"标签，切换到"主单位"选项卡，在该选项卡中进行有关设置，如图 8-35 所示（主要是将"精度"设为"0"）。

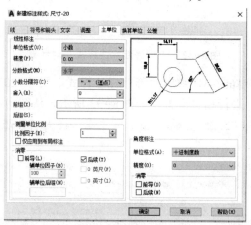

图 8-35　"主单位"选项卡

然后单击对话框中的"确定"按钮，完成尺寸标注样式"尺寸-20"的设置，AutoCAD 返回到"标注样式管理器"对话框。

由前述可知，新创建的标注样式"尺寸-20"已经显示在"样式"列表框中。如果将该样式设置为当前样式，即在"样式"列表框中选择"尺寸-20"，单击"置为当前"按钮，然后单击"关闭"按钮关闭对话框，就可以用标注样式"尺寸-20"标注尺寸了。

用标注样式"尺寸-20"标注尺寸时，虽然可以标注出符合国标要求的大多数尺寸，但标注出的角度尺寸不符合国标要求。国标规定：标注角度尺寸时，角度的数字一律写成水平方向，一般应注写在尺寸线的中断处。

为标注出符合国标的角度尺寸，还应在标注样式"尺寸-20"的基础上定义专门用于角度标注的子样式，定义过程如下。

（1）打开"标注样式管理器"对话框，在"样式"列表框选中"尺寸-20"，单击对话框中的"新建"按钮，弹出"创建新标注样式"对话框，在该对话框的"用于"下拉列表中选择"角度标注"，其余设置不变。

（2）单击对话框中的"继续"按钮，弹出"新建标注样式"对话框，在该对话框中的"文字"选项卡下，选中"文字对齐"选项组中的"水平"单选按钮，其余设置保持不变，结果如图8-36所示。

（3）单击对话框中的"确定"按钮，完成角度样式的设置，返回到"标注样式管理器"对话框。

经上述操作，AutoCAD在已有标注样式"尺寸-20"的下面引出了一个标记为"角度"的子样式，同时在预览窗口中显示出对应的角度标注效果。将"尺寸-20"设为当前样式，单击"关闭"按钮关闭对话框，则完成尺寸标注样式的设置，同时将该样式设置为当前样式。

8.2.7 基本绘图命令

无论多么复杂的图形，都可以分解成最基本的图形要素：点、直线、圆、圆弧等。因此，首先掌握这些基本要素的绘制是非常必要的。这些绘图命令集中在"绘图"下拉菜单中，如图8-37所示。

图8-36　"文字对齐"设为"水平"

图8-37　"绘图"下拉菜单

1）画点命令（POINT）

该命令主要用于生成实体点，实体点可以是多种样式，如"."".+"等，点的样式和大小，也可以通过下拉菜单调出"点样式"对话框进行操作，命令执行方式有以下三种。

命令行：POINT

下拉菜单：绘图→点（O）

图标菜单：·

2）画线命令（LINE）

该命令能绘制直线段、折线段或闭合多边形，执行方式有以下三种。

命令行：LINE

下拉菜单：绘图→直线（L）

图标菜单：╱

3）画圆命令（CIRCLE）

画圆命令的执行方式有以下三种，执行命令后，级联菜单中列出六种画圆的方法（见图8-38），选择其中之一，即可按该选项说明的顺序与条件画圆。

命令行：CIRCLE

下拉菜单：绘图→圆（C）

图标菜单：⊘

例8-2 画一个如图8-39所示的表面粗糙度符号。

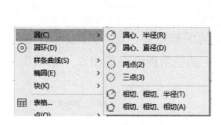

图8-38 画圆的方法

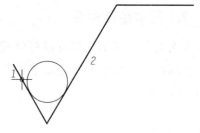

图8-39 表面粗糙度符号

解：首先，打开已经绘制好的图8-13所示的"直线图形"，再按以下步骤画相切的圆。

命令：circle

指定圆的圆心或［三点（3P）/两点（2P）/相切、相切、半径（T）］：ttr

在对象上指定一点作圆的第一条切线：　　　　　　　（用鼠标在1处选择直线）

在对象上指定一点作圆的第二条切线：　　　　　　　（用鼠标在2处选择直线）

指定圆的半径<21.0000>：15　　　　　　　　　　　（输入圆半径15）

4）画圆弧命令（ARC）

画圆弧命令的执行方式有以下三种，执行命令后，级联菜单中列出多种画圆弧的方法（见图8-40），选择其中之一，即可按该选项说明的顺序与条件画圆弧。

命令行：ARC

下拉菜单：绘图→圆弧（A）

图标菜单：⌒

图8-40 画圆弧的方法

第8章 计算机绘图基本知识

5）画正多边形命令（POLYGON）

该命令可画边数为3～1 024的正多边形，命令的执行方式有以下三种。

命令行：POLYGON

下拉菜单：绘图→正多边形（Y）

图标菜单：

在画正多边形的过程中（见图8-41），命令行会出现下列提示。

命令：polygon

输入边的数目<4>：5

指定多边形的中心点或［边（E）］：

输入选项［内接于圆（I）/外切于圆（C）］<I>：

指定圆的半径：

选项E要求提供一条边的起点1和终点2，系统按逆时针方向创建该多边形，如图8-41（c）所示。

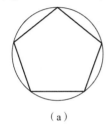 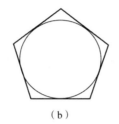 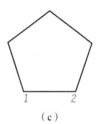

（a）　　　　　　　　（b）　　　　　　　　（c）

图8-41　画多边形的方法

（a）内接于圆（I）；（b）外切于圆（C）；（c）指定多边形的边（E）

6）多段线命令（PLINE）

多段线是一个组合对象，可包含许多直线和圆弧，还可以有不同的线型宽度，其操作方法与LINE命令一样，但其选项较多。其执行方式有以下三种。

命令行：PLINE

下拉菜单：绘图→多段线（P）

图标菜单：

执行多段线命令，在命令行会出现下列提示。

命令：pline

指定起点：

当前线宽为0. 0000

指定下一点或［圆弧（A）/闭合（C）/半宽（H）/长度（L）/放弃（U）/宽度（W）］：

7）书写文本命令（TEXT、DTEXT、MTEXT）

AutoCAD中书写文本的命令有TEXT（静态文本）、DTEXT（动态文本）和MTEXT（多行文本），使用MTEXT最为方便，下面仅介绍MTEXT命令的用法。MTEXT命令的执行方式有以下三种。

命令行：MTEXT

下拉菜单：绘图→文字（X）→多行文字（M）

图标菜单：**A**

执行 MTEXT 命令后，要根据命令行的提示进行以下操作。

命令：mtext

当前文字样式："Standard"。文字高度：2.5

指定第一角点：

指定对角点或 ［高度（H）／对正（J）／行距（L）／旋转（R）／样式（S）／宽度（W）］：

在指定第二角点后，将弹出"多行文字编辑器"对话框，如图 8-42 所示，该对话框用于输入和编辑多行文字。

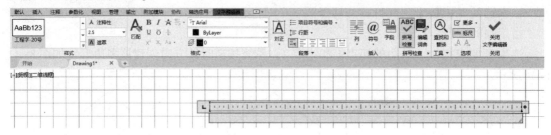

图 8-42　"多行文字编辑器"对话框

8.3　AutoCAD 的图形编辑

图形编辑是指对已有图形对象进行移动、旋转、缩放、复制、删除、恢复及各种修改操作。AutoCAD 的图形编辑功能，可以帮助用户合理构图、准确作图、减少绘图的重复操作，从而提高绘图的工作效率。

8.3.1　对象操作

已有图形中需要编辑的图形元素称为对象。因此在进行图形编辑前，要了解对象的操作。

1. 对象选择

在输入一个编辑命令后，命令行中首先会出现下列提示。

选择对象：此时，十字光标将会变成一个拾取框。用户可在该提示符后直接以默认的方式选择对象，也可指定选择对象的方法。AutoCAD 提供多种选择对象的方法，现将这些选择方法说明如下。

（1）单点方式：系统默认方式，一次只能选中一个对象，操作时，用户只要将光标直接移动到编辑对象实体上的任一点单击，则该对象被选中，此时被选中的对象由实线变成虚线并在命令行中显示当前所作的选择次数、选中对象的个数。选择完所有对象后，右击或按〈Enter〉键，表明选择对象过程结束。

（2）Window：在选择对象提示下，按住鼠标左键从左向右拖拽出一个矩形窗口；或者在选择对象提示下，输入 W，再确定左下角和右上角（或左上角和右下角）两点，形成一个矩形窗口。凡是完全落在该矩形窗口内的图形对象均被选中。

（3）Crossing：在选择对象提示下，按住鼠标左键从右向左拖拽出一个矩形窗口；或者在选择对象提示下，输入 C，再确定左下角和右上角（或左上角和右下角）两点，形成一个矩形窗口，此时，除全部位于矩形窗口的对象外，还包括与窗口四条边界相交的所有对象均被选中。

（4）Last：在选择对象提示下，输入 L，表示作图过程中最后生成的对象被选中。

（5）All：在选择对象提示下，输入 A，表示除冻结层和锁定层外的所有对象被选中。

2. 改变对象

在选择完对象，还未按〈Enter〉键确认的情况下，有时会发现有些不应选择的对象被选中，这时可以用以下方式进行对象的改变。

（1）Remove：在选择对象提示下，输入 R，提示变为"删除对象:"，再按选择对象方式选中要移走的对象。

（2）Add：如果移走了不应移走的对象，可在"删除对象:"提示下输入 A，提示变为"选择对象:"，此时可选择被移走而要再次加入的对象。

（3）Undo：如发现最后选中或移走的对象有误，可在选择对象（移走）提示下输入 U，表示放弃前一次选择对象操作。

8.3.2　图形编辑命令

在 AutoCAD 中，用户要完成符合要求的图形，就必须对由基本绘图命令绘制出的图形进行编辑加工。下面介绍常用的图形编辑命令。图形编辑命令主要集中在"修改"下拉菜单中，如图 8-43 所示。

1. 删除与恢复命令（ERASE、OOPS）

1）删除命令（ERASE）

此命令用来擦除图形中被选中的对象，执行方式有以下三种。

命令行：ERASE

下拉菜单：修改→删除（E）

图标菜单：

2）恢复命令（OOPS）

此命令用来恢复上一次用 ERASE 命令所删除的对象，并用于建立图块后所消失的图形。该命令只对最后一次使用的 E-RASE 命令有效。该命令可在命令行输入。

2. 放弃与重做命令（U、REDO）

1）放弃命令（U）

此命令用来取消上一次命令操作，执行方式有以下三种。

命令行：U

下拉菜单：编辑→放弃（U）

图 8-43　"修改"下拉菜单

图标菜单：↩

2）重做命令（REDO）

该命令用来重做用 U 命令所放弃的操作。如果连续使用 U 命令放弃操作，那么只有最后放弃的一个操作才可以用 REDO 命令恢复。执行方式有以下三种。

命令行：REDO

下拉菜单：编辑→重做（R）

图标菜单：↪

3. 复制与镜像命令（COPY、MIRROR）

1）复制命令（COPY）

该命令用来复制被选定的对象，也可以进行多重复制。执行 COPY 命令有以下三种方式。

命令行：COPY

下拉菜单：修改→复制（Y）

图标菜单：🗐

执行 COPY 命令后命令行出现选择对象提示：

命令：copy

选择对象：　　　　　　　　　　　　　　（在图 8-44 中选一圆）

找到 1 个

选择对象：　　　　　　　　　　　　　　（按〈Enter〉键，结束选择）

指定基点或位移，或者［重复（M）］：　（指定基点 A）

指定位移的第二点或<用第一点作位移>：（指定位移点 B，该圆按矢量 AB 复制到新位置）

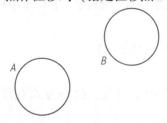

图 8-44　复制对象

说明：

（1）根据提示选择 M，可进行多重复制；

（2）基点和位移点可用光标和坐标值定位，也可利用对象捕捉来准确定位。

2）镜像命令（MIRROR）

该命令用来生成原对象的轴对称图形，该轴称为镜像线，镜像时可删去原图形，也可保留原图形（称为镜像复制）。执行 MIRROR 命令有以下三种方式。

命令行：MIRROR

下拉菜单：修改→镜像（I）

图标菜单：⚖

执行 MIRROR 命令后命令行出现选择对象提示：

命令：mirror

选择对象：指定对角点：找到 5 个　　　　　　（图 8-45（a）中虚线部分为选中的对象）

选择对象：   （按〈Enter〉键，结束选择）

指定镜像线的第一点：指定镜像线的第二点：（分别指定镜像线上的1、2两点）

是否删除源对象？［是（Y）/否（N）］<N>：（按〈Enter〉键完成图形）

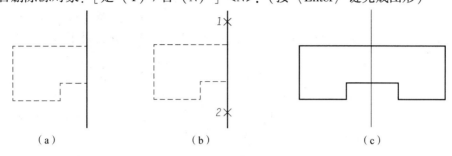

图8-45 镜像

（a）选择要镜像的对象；（b）指定镜像线的1、2两点；（c）结果

4. 阵列命令（ARRAY）

该命令用来对选定的对象作矩形或环形阵列式复制。执行 ARRAY 命令有以下三种方式。

命令行：ARRAY

下拉菜单：修改→阵列（A）

图标菜单：▦

例8-3 绘制图8-46（a）所示的矩形阵列。

解：命令：array

选择对象：指定对角点：找到3个阵   （选择三角形A，命令行继续出现提示）

选择对象：   （按〈Enter〉键或右击结束对象选择）

输入阵列类型［矩形（R）/环形（P）］<R>：（按〈Enter〉键或输入 R 选择矩形阵列）

输入行数（———）<1>：2   （输入矩形阵列的行数2）

输入列数（｜｜｜）<1>：3   （输入矩形阵列的列数3）

输入行间距或指定单位单元（———）：-40   （输入矩形阵列的行间距）

指定列间距（｜｜｜）：30   （矩形阵列的列间距）

（上述行间距为正数时向上复制，为负数时向下复制；列间距为正数时向右复制，为负数时向左复制）

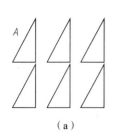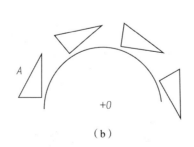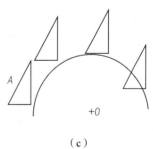

图8-46 阵列

（a）矩形阵列；（b）旋转环形阵列；（c）平移环形阵列

例 8-4 绘制图 10-46（b）、（c）所示的环形阵列。

解：命令：array

选择对象：指定对角点：找到 3 个　　　　　　　　（选择三角形 A，命令行继续出现提示）

选择对象：　　　　　　　　　　　　　　　　　　（按〈Enter〉键或右击结束对象选择）

输入阵列类型［矩形（R）/环形（P）］<R>：P（输入 P 选择环形阵列）

指定阵列中心点：　　　　　　　　　　　　　　　（指定阵列中心点，0 点）

输入阵列中项目的数目：4　　　　　　　　　　　（输入图形复制的个数）

指定填充角度（+=逆时针，-=顺时针）<360>：-120

　　　　　　　　　　　　　　　　　　　　　　　（指定环形复制图形所占角度）

是否旋转阵列中的对象？［是（Y）/否（N）］<Y>：

（复制的图形是否旋转，缺省时旋转，见图 8-47（b）；若输入 N 响应，则原图形复制时只作平移，见图 8-47（c））

5. 偏移命令（OFFSET）

偏移命令用来画出指定对象的偏移，即生成原对象的等距线。直线的等距线为等长的平行线；圆弧的等距线为等圆心角的同心圆弧；多段线的等距线也为多段线。执行 OFFSET 命令有以下三种方式。

命令行：OFFSET

下拉菜单：修改→偏移（S）

图标菜单：

执行 OFFSET 命令后命令行的提示如下：

命令：offset

指定偏移距离或［通过（T）］<1.0000>：　　　（选项 T 为指定通过点方式）

选择要偏移的对象或<退出>：

指定点以确定偏移所在一侧：

（后两个提示将重复出现）

6. 移动与旋转命令（MOVE、ROTATE）

1）移动命令（MOVE）

移动命令用来平移指定的对象。执行 MOVE 命令有以下三种方式。

命令行：MOVE

下拉菜单：修改→移动（V）

图标菜单：

2）旋转命令（ROTATE）

旋转命令用来对指定对象绕指定中心旋转。执行 ROTATE 命令有以下三种方式。

命令行：ROTATE

下拉菜单：修改→旋转（R）

图标菜单：

7. 修剪、延伸与打断命令（TRIM、EXTEND、BREAK）

1）修剪命令（TRIM）

修剪命令是在指定剪切边界线（直线或曲线）后，对指定对象（直线或曲线）进行修剪，且可连续进行，同一对象既可选为剪切边界，也可同时作为被剪切对象。执行 TRIM 命令有以下三种方式。

命令行：TRIM

下拉菜单：修改→修剪（T）

图标菜单：✂

例 8-5　执行修剪命令，将图 8-47（a）变为图 8-47（c）。

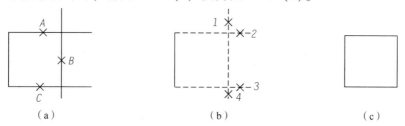

图 8-47　修剪命令

（a）选择剪切边；（b）选择要剪切的对象；（c）结果

解：命令：trim

当前设置：投影＝UCS　　边＝无

选择剪切边…

选择对象：找到 3 个　　　　（选择作为剪切边的对象，见图 8-47（a）中的 A、B、C）

选择对象：　　　　　　　　（按〈Enter〉键或右击结束剪切边的选择）

选择要修剪的对象或［投影（P）/边（E）/放弃（U）］：（选择要剪切的对象，见图 8-47（b）中的 1~4）

（选项中［投影（P）］可改变投影模式，用于三维空间中的修剪；选项中［边（E）］选择剪切边模式（延伸与不延伸））

2）延伸命令（EXTEND）

延伸命令是在指定边界线后，将要延伸的对象延伸到边界线相交，可连续进行。执行 EXTEND 命令有以下三种方式。

命令行：EXTEND

下拉菜单：修改→延伸（D）

图标菜单：┈/

例 8-6　执行延伸命令，将图 8-48（a）变为图 8-48（c）。

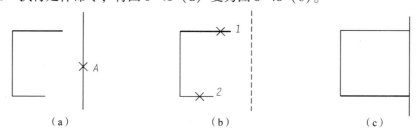

图 8-48　延伸命令

（a）选择延伸边界线；（b）选择要延伸对象；（c）结果

解：命令：extnd

当前设置：投影＝UCS　边＝无

选择边界的边…

选择对象：找到 1 个　　　　（选择作为剪切边的对象，见图 8-48（a）中的 A）

选择对象：　　　　　　　（按〈Enter〉键或右击结束延伸边界线的选择）

选择要延伸的对象或 ［投影（P）/边（E）/放弃（U）］：

（选择要延伸的对象，见图 8-48（b）中的 1、2）

3）打断命令（BREAK）

打断命令用来切掉对象的一部分或将对象一分为二，其功能与 Trim 命令有些相似，但 BREAK 命令可用于没有剪切边或不宜作剪切的场合。执行 BREAK 命令有以下三种方式。

命令行：BREAK

下拉菜单：修改→打断（K）

图标菜单：⌷

执行 BREAK 命令后命令行的提示如下：

命令：break 选择对象：　　　　　　　　（选择对象，并把拾取处作为第一断开点）

指定第二个打断点 或 ［第一点（F）］：　（指定第二断开点或 ［另指定第一断开点］）

（当第二断开点与第一断开点重合时，可用符号@来响应指定第二点的提示）

（如果第二断开点选在对象外部，则对象的该端被切掉）

（若打断对象为圆，则按逆时针方向将第一到第二断开点之间部分切掉，转变为圆弧）

8. 倒圆角与倒斜角命令 （FILLET，CHAMFER）

1）倒圆角命令（FILLET）

倒圆角命令用来在直线、圆弧或圆间按指定半径作圆角，也可以对多段线倒圆角。在倒圆角过程中，若倒圆角的两个对象，具有相同的图层、线型和颜色，生成的圆角对象也相同，否则，按当前图层线型和颜色生成。执行 FILLET 命令有以下三种方式。

命令行：FILLET

下拉菜单：修改→圆角（F）

图标菜单：◤

例 8-7　执行倒圆角命令，将图 8-49（a）变为图 8-49（b）。

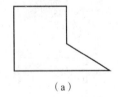
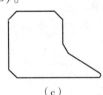

（a）　　　　　　　　　（b）　　　　　　　　（c）

图 8-49　倒圆角与倒斜角命令

（a）原图；（b）倒圆角；（c）倒斜角

解：命令：fillet

当前模式：模式＝修剪，半径＝10.0000

选择第一个对象或 ［多段线（P）/半径（R）/修剪（T）］：

选择第二个对象：

2）倒斜角命令（CHAMFER）

倒斜角命令用来对两条直线倒斜角，即按给定的距离用一条直线段来连接两条直线，也可以对多段线倒斜角。执行 CHAMFER 命令有以下三种方式。

命令行：CHAMFER

下拉菜单：修改→倒角（C）

图标菜单：

例 8-8　执行倒斜角命令，将图 8-49（a）变为图 8-49（c）。

解：命令：chamfer

（"修剪"模式）当前倒角距离 1 = 10.0000，距离 2 = 10.0000

选择第一条直线或［多段线（P）/距离（D）/角度（A）/修剪（T）/方法（M）］：

选择第二条直线：

说明：倒角有两种方法。

（1）距离方法：由第一倒角距 A 和第二倒角距 B 确定，如图 8-50（a）所示。

（2）角度方法：由第一直线的倒角距 C 和倒角角度 D 确定，如图 8-50（b）所示。

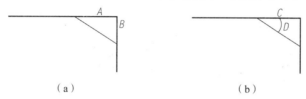

（a）　　　　　　　　　　　　　　（b）

图 8-50　倒角

9. 分解命令（EXPLODE）

分解命令用于将组合对象如块、多段线等分解为其下级组成对象，其执行方式有以下三种。

命令行：EXPLODE

下拉菜单：修改→分解（X）

图标菜单：

10. 对象特性修改命令（DDMODI EY）

对象特性修改命令用来改变图形对象的各种特性，如对象的颜色、图层、线型及文字等都可以通过此命令来进行修改，其执行方式有以下三种。

命令行：DDMODIFY

下拉菜单：修改→对象特征（O）

图标菜单：

在执行命令后，将出现如图 8-51 所示对话框，用户可根据提示进行操作。

图 8-51　"特性"对话框

8.4　视图显示及辅助绘图命令

8.4.1　视图显示命令

AutoCAD 提供强大的图形显示控制功能。显示控制功能用于控制图形在屏幕上的显示方式。但显示方式的改变只改变图形的显示尺寸，并不改变图形的实际尺寸，即仅仅改变图形给人们留下的视觉效果。下面介绍几种基本的显示控制功能。视图显示命令集中在"视图"下拉菜单中，如图 8-52 所示。

1. 控制图形缩放显示命令（ZOOM）

ZOOM 命令用于缩小或放大图形在屏幕上的可见尺寸，它是绘图过程中最常用的命令之一。ZOOM 命令的执行方式有以下三种。

命令行：ZOOM

下拉菜单：视图→缩放（Z）

图标菜单：

以下分别介绍 ZOOM 命令级联菜单的主要内容。

图 8-52　"视图"下拉菜单

（1）实时（R）：选择该选项后，光标的形状变成一个放大镜，此时用户可按住鼠标左键上下移动鼠标来放大或缩小图形。向上移动则放大图形；向下移动则缩小图形。如果要退出缩放状态，可按〈Esc〉键或〈Enter〉键。

（2）上一个（P）：在 ZOOM 过程中恢复上一次显示状态下的图形。

（3）窗口（W）：缩放显示由两个对角点所指定的矩形窗口内的图形。选择该选项后，AutoCAD 要求用户在屏幕上指定两个点，以确定矩形窗口的位置和大小。

（4）动态（D）：动态显示图形中由视图框选定的区域内图形。

（5）比例（S）：根据输入的组合系数缩放显示图形。

（6）中心点（C）：让用户指定一个中心点及缩放系数或一个高度值，AutoCAD 按该缩放系数或相应的高度值缩放中心点区域的图形。

（7）全部（A）：选择该选项将满屏显示整个图形范围，即使图形超出图形界限之外。

（8）范围（E）：最大限度地满屏显示视图区内的图形。

2. 平移显示图形命令（PAN）

PAN 命令用于在不改变图形缩放显示的条件下平移图形，可使图中的特定部分位于当前的视区中，以便查看图形的不同部分。该命令的执行方式有以下三种。

命令行：PAN

下拉菜单：视图→平移（P）

图标菜单：

PAN 命令执行时光标变为手形光标，用户只需按住鼠标左键并移动，就可以实现平移图形。除了可以使用 PAN 命令来平移图形外，还可以利用窗口滚动条来实现对图形的平移。

3. 重画与重新生成命令（REDRAW、REGEN）

REDRAW 与 REGEN 命令可将当前绘图屏幕进行刷新，用以消除在绘图过程中屏幕上出现的一些残留光标点，以使图形显得整洁清晰。该命令的执行方式有以下两种。

命令行：REDRAW 或 REGEN

下拉菜单：视图→重画（R）或重生成（G）

与 REDRAW 命令相比，执行 REGEN 命令时生成图形的速度较慢，所用时间较长，这是因为 REDRAW 命令只是把显示器的帧缓冲区刷新一次，而 REGEN 命令则要把图形文件的原始数据全部重新计算一遍。

8.4.2　对象捕捉

对象捕捉（Object Snap）是精确定位于对象上某点的一种重要方法，它能迅速地捕捉图形对象的端点、交点、中点、切点等特殊点和位置，从而提高绘图精度，简化设计、计算过程，提高绘图速度。

1. 设置对象捕捉模式

通过在命令行输入 OSNAP 或选择"工具"下拉菜单中的"草图设置"选项，打开"草图设置"对话框中的"对象捕捉"选项卡，如图 8-23 所示。

在操作"对象捕捉"选项卡时应注意以下内容。

（1）选择了捕捉类型后，在后续命令中要求指定点时，这些捕捉设置长期有效，作图时可以看到出现靶框要求捕捉。若要修改，须再次启动上述对话框。

（2）为了操作方便，在状态栏设置了对象捕捉开关。

2. 利用光标菜单和工具栏进行对象捕捉

系统还提供另一种对象捕捉的操作方式，即在命令要求输入点时，临时调用对象捕捉功能，此时它覆盖"对象捕捉"选项卡的设置，称为单点优先方式。此方式当时有效，对下一点的输入就无效了。

1）"对象捕捉"光标菜单

在命令要求输入点时，同时按〈SHIFT〉键和鼠标右键，在屏幕上当前光标处出现"对象捕捉"光标菜单，如图 8-53 所示。

2）"对象捕捉"工具栏

"对象捕捉"工具栏如图 8-54 所示，在"视图"下拉菜单中选择"工具栏"选项，打开"工具栏"对话框，在该对话框中勾选"对象捕捉"复选框，即可使"对象捕捉"工具栏显示在屏幕上。从内容上看，它和"对象捕捉"光标菜单类似。

图 8-53   "对象捕捉"光标菜单   图 8-54   "对象捕捉"工具栏

8.4.3 用户坐标系（UCS）

UCS 即用户坐标系（User Coordinate System），AutoCAD 允许用户重新定义直角坐标系统的原点位置及 X、Y、Z 轴的方向，缺省的 UCS 与世界坐标系 WCS 相同。UCS 命令的执行方式有以下两种。

命令行：UCS

下拉菜单：工具→新建 UCS（E）

执行 UCS 命令后，命令行将出现以下提示。

命令：ucs

当前 UCS 名称：＊世界＊

输入选项

[新建（N）/移动（M）/正交（G）/上一个（P）/恢复（R）/保存（S）/删除（D）/应用（A）/?/世界（W）] <世界>：

选项说明如下。

（1）新建（N）：建立一个新的直角坐标系。

（2）移动（M）：通过改变原点或 Z 轴的位移设置 UCS，但不改变各个轴的方向。

（3）正交（G）：设置预置视图，即六个基本视图。

（4）上一个（P）：恢复上一次的 UCS 为当前 UCS。

（5）恢复（R）：把命名保存的一个 UCS 恢复为当前 UCS。

（6）保存（S）：把当前 UCS 命名保存。

（7）删除（D）：删除一个命名保存的 UCS 1。

（8）应用（A）：将 UCS 应用到指定的视图或全部视图。

（9）?：列出保存的 UCS 名表。

（10）世界（W）：把世界坐标系 WCS 定义为当前 UCS。

8.5　图块与图案填充

8.5.1　图块的定义和使用

图块（BLOCK）是 AutoCAD 加快图形处理的一项重要功能。图块是由一个或多个对象组成的集合，通过建立图块，可以将多个对象作为一个整体来操作。在绘图过程中，常常需要在不同的位置，以不同比例和旋转角度绘制一些形状完全相同的图形，最有效的方法就是把这些需重复绘制的图形先定义成图块，然后用图块插入的方式调用。

1. 图块的定义

要调用图块必须首先定义图块，图块的定义方法有以下三种。

命令行：BMAKE

下拉菜单：绘图→块（K）→创建（M）

图标菜单：

执行 BMAKE 命令后，将弹出"块定义"对话框，可按数字顺序操作，如图 8-55 所示。

图 8-55　"块定义"对话框

2. 图块的插入

在图块制作完成后便可用图块插入命令在相应图形中调用。图块的插入方法有以下三种。

命令行：DDINSERT

下拉菜单：插入→块（B）

图标菜单：

执行 DDINSERT 命令后，将弹出"插入"对话框，如图 8-56 所示。

图 8-56　"插入"对话框

8.5.2　图案填充

在绘图中，经常需要对图形中的某些区域或断面填充某种特定的图案，填充是 CAD 中一种重要的绘图技术。在机械制图中这种图案称为剖面符号，并且是用组等距的斜平行线来表示的，所以我们一般简称它为"剖面线"。剖面线就是一个图块。

执行图案填充命令，系统将打开"边界图案填充"对话框，如图 8-57 所示。

图 8-57　"边界图案填充"对话框

图案填充命令的执行方式有以下三种。

命令行：HATCH

下拉菜单：绘图→图案填充（H）

图标菜单： ⊞

1）填充图案

AutoCAD 包含了多达 68 种不同的预定义图案，存放于 ACAD.PAT 文件中，这些图案包括砖块、木材、草地、各种材质断面、铺地及多种线型。每一种图案都有一个名字，用户可以依据名字或图标选用这些图案中的任意一种。填充图案的选择可在"快速"选项卡中完成。

2）填充边界

填充图案时应首先确定填充边界。填充边界可以是圆，也可以是由曲线、多义线、弧等以端点相接围成的形体，并且必须在当前屏幕上全部可见。边界必须首尾相连，形成封闭区域，否则会出现或生成错误的填充。操作"拾取点"或"选择对象"可确定填充边界。

8.6　尺寸标注

尺寸标注是绘图中的一项重要内容，它用于表示并定位图形的大小、形状，是图形识读的主要依据。AutoCAD 的尺寸标注命令可自动测量并标注图形，因此，绘图时一定要力求准确，要善于运用栅格、捕捉、正交模式及目标捕捉等辅助定位工具。

由于标注类型较多，AutoCAD 把标注命令和标注编辑命令集中安排在"标注"下拉菜单和"标注"图标菜单中，如图 8-58 所示。

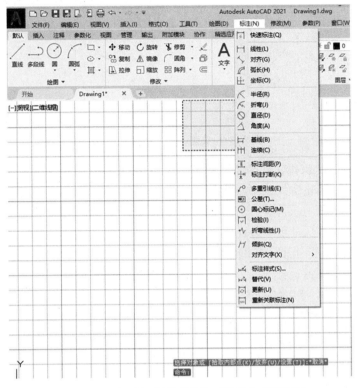

图 8-58 "标注"下拉菜单和"标注"图标菜单

8.6.1 尺寸标注的方法与组成

1. 尺寸标注的方法

用 AutoCAD 对图形进行尺寸标注的方法及过程如下。

（1）建立一个新图层，用于区别尺寸标注与其他图层。

（2）建立专门的尺寸标注所需的文本类型。

（3）通过"标注式样"对话框及其子对话框设置尺寸标注比例因子、尺寸格式、尺寸线、尺寸界线、尺寸箭头、尺寸文本、尺寸单位、尺寸精度、公差等。

（4）保存或输出用户所进行的设置，以提高作图的效率。

（5）设置常用的目标（如端点、中点、节点等）捕捉方式，以便快速、准确地找出标注对象的特征点。

（6）用尺寸标注命令标注尺寸，对不符合要求的部分用尺寸标注编辑命令进行编辑。

2. 尺寸标注的组成

尺寸标注是图形的一种注释方式，它以最清晰的方式形成实体定位，当 AutoCAD 生成一个尺寸标注时，系统就会产生一个尺寸标注对象。尺寸标注是由一些独立的对象组成的，这些对象可以由尺寸标注格式和尺寸类型来设置。图 8-59 给出了典型的尺寸标注及构成。

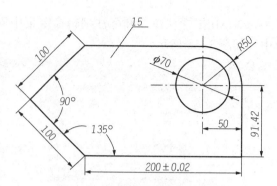

图 8-59 典型的尺寸标注及构成

（1）尺寸界线：从被标注对象上（两端）延伸出来，将尺寸线引到被标注对象形体之外的线，有时也用形体轮廓线或中心线代替尺寸界线。

（2）尺寸文本：尺寸文本是一个字符串，用于表示被标注对象的长度或者角度。尺寸文本中除了包含有基本尺寸数字外还可以含有前缀、后缀和公差等。AutoCAD 可自动产生标注文本（值），可以接受、修改或添加字符串（值）。

（3）尺寸线：通常平行于被标注形体并放置于两尺寸界线之间。

（4）箭头：尺寸线端点的标记。

（5）中心标记：缺省为一个"+"字标记，表示小圆或圆弧的圆心。

（6）旁注线：旁注线是以多重线段（折线或曲线）和箭头指示标注图形，并以文本加以注释的一种尺寸标注。

8.6.2 尺寸标注命令

在进行标注之前，要选择一种尺寸标注的格式。如果没有选择尺寸标注的格式，则使用当前格式。如果还没有建立格式，则尺寸标注被指定为使用缺省格式"ISO-25"。

1. 长度型尺寸标注

长度型尺寸标注主要有水平和垂直型、对齐型、基线型、连续型等类别，它们可用不同方式标注图形的长度尺寸。

1）水平和垂直型尺寸标注命令（DIMLINEAR）

该命令的执行方式有以下三种。

命令行：DIMLINEAR

下拉菜单：标注→线性（L）

图标菜单：

DIMLINEAR 命令可用于标注水平和垂直或旋转的尺寸。执行此命令后，命令行显示以下提示：

命令：dimlinear

指定第一条尺寸界线起点或<选择对象>：

指定第二条尺寸界线起点：指定尺寸线位置或

[多行文字（M）/文字（T）/角度（A）/水平（H）/垂直（V）/旋转（R）]：

"指定第一条尺寸界线起点或<选择对象>:"可以有以下两种响应。

（1）如果按〈Enter〉键或右击，则提示用户直接选择要进行尺寸标注的对象，选取对象后，系统将会自动标注。

（2）如果指定第一条尺寸界线的原点，则系统继续提示用户指定第二条尺寸界线的原点："指定第二条尺寸界线起点："，确定第二条尺寸界线的原点后，将显示以下提示：

"指定尺寸线位置或［多行文字（M）/文字（T）/角度（A）/水平（H）/垂直（V）/旋转（R）］："

如果用户指定一个点，则AutoCAD便用该点来定位尺寸线并因此确定尺寸界线的绘制方向，随后以测量值为缺省值标注尺寸文本。提示中各选项的含义如下。

①多行文字（M）：用于指定或增加多行尺寸文本，会出现"多行文字编辑器"对话框。

②文字（T）：用于指定或增加尺寸文本。

③角度（A）：用于改变尺寸文本的角度。

④水平（H）：强制进行水平尺寸标注。

⑤垂直（V）：强制进行垂直尺寸标注。

⑥旋转（R）：进行旋转型尺寸标注，使尺寸标注旋转指定的角度。

2）对齐型尺寸标注命令（DIMALIGNED）

该命令的执行方式有以下三种。

命令行：DIMALIGNED

下拉菜单：标注→对齐（G）

图标菜单：

DIMALIGNED命令标注的尺寸线与尺寸界线的两个原点的连线平行。若是圆弧，则DIMALIGNED标注的尺寸线与圆弧的两个端点所产生的弦保持平行。命令执行后提示中各选项的含义与DIMLINEAR命令相同。

3）基线型、连续型尺寸标注命令（DIMBASELINE、DIMCONTINUE）

该命令的执行方式有以下三种。

命令行：DIMBASELINE（或DIMCONTINUE）

下拉菜单：标注→基线（B）［或连续（C）］

图标菜单：　或

DIMBASELINE命令用于在图形中以第一尺寸线为基准标注图形尺寸。DIMCONTINUE命令用于在同一尺寸线水平或垂直方向上连续标注尺寸。

2. 圆弧型尺寸标注

圆弧型尺寸标注主要有直径、半径及圆心标注三种方式。

1）直径型尺寸标注（DIMDIAMETER）

该命令的执行方式有以下三种。

命令行：DIMDIAMETER

下拉菜单：标注→直径（D）

图标菜单：

DIMDIAMETER命令用于标注圆或圆弧的直径，直径型尺寸标注中的尺寸数字带有前缀"Φ"。执行DIMDIAMETER命令后命令行会显示以下提示：

命令：dimdiameter

选择圆弧或圆：

标注文字＝

指定尺寸线位置或［多行文字（M）/文字（T）/角度（A）］：

"选择圆弧或圆："让用户选择要标注的圆弧或圆。选择后将显示以下提示：

"指定尺寸线位置或［多行文字（M）/文字（T）/角度（A）］："要求用户指定尺寸线的位置或输入尺寸文本和尺寸文本的标注角度。

2）半径型尺寸标注（DIMRADIUS）

该命令的执行方式有以下三种。

命令行：DIMRADIUS

下拉菜单：标注→半径（R）

图标菜单：

DIMRADIUS 命令用于标注圆或圆弧的半径，命令执行时显示的提示与 DIMDIAMETER 命令执行时显示的提示基本类似。DIMRADIUS 命令标注的尺寸线只有一个箭头，并且尺寸标注中尺寸数字的前缀为"R"。

3）圆心标注（DIMCENTER）

该命令的执行方式有以下三种。

命令行：DIMCENTER

下拉菜单：标注→圆心标记（M）

图标菜单：

该命令可创建圆或圆弧的中心标记或中心线。

3. 角度型尺寸标注命令（DIMANGULAR）

该命令的执行方式有以下三种。

命令行：DIMANGULAR

下拉菜单：标注→角度（A）

图标菜单：

DIMANGULAR 命令能够精确地生成并测量对象之间的夹角。它可用来标注两直线之间的夹角，圆弧或圆的一部分的圆心角，或任何不共线的三点的夹角。标注角度的尺寸线是弧线，尺寸线的位置随光标。执行 DIMANGULAR 命令后命令行会显示以下提示：

命令：dimangular

选择圆弧、圆、直线或<指定顶点>：

选择第二条直线：

指定标注弧线位置或［多行文字（M）/文字（T）/角度（A）］：

标注文字＝44

"选择圆弧、圆、直线或<指定顶点>："可以有以下两类响应。

（1）如果按〈Enter〉键或右击，则通过用户指定的三个点来标注角度（这三点并不一定位于已存在的几何图形上），系统将显示以下提示：

指定角的顶点：

指定角的第一个端点：

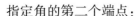

指定角的第二个端点：

指定标注弧线位置或［多行文字（M）/文字（T）/角度（A）］

（2）如果选择的是直线，则通过指定的两条直线来标注其角度。如果选择的是圆弧，则以圆弧的中心作为角度的顶点，以圆弧的两个端点作为角度的两个端点，来标注弧的夹角。如果选择的是圆，则以圆心作为角度的顶点，以圆周上指定的两点作为角度的两个端点，来标注弧的夹角。

另外，还有 LEADER（引出线尺寸标注）、DIMORDINATE（坐标型尺寸标注）等尺寸标注命令。

小　结

计算机绘图在制图领域正在取代手工制图。在掌握计算机基本操作的前提下，要掌握一种 CAD 软件；常用的就是 AutoCAD，利用它来工作除了要掌握它的基础知识外，还要求有更多的利用 AutoCAD 绘图的经验。因此，这就要求我们不断地上机练习。

本章主要内容如下。

1. AutoCAD 基础知识。

（1）AutoCAD 2021 的用户界面由菜单、标准工具栏、对象特性工具栏、绘制和修改工具栏、绘图区域、十字光标、用户坐标系（UCS）图标、命令窗口、状态栏等部分组成。

（2）AutoCAD 的命令主要通过单击下拉菜单、单击屏幕菜单、单击命令图标、命令行直接输入命令来完成。

（3）AutoCAD 的点输入方式有：用定标设备在屏幕上取点、通过键盘输入点的坐标、在指定方向上通过给定距离定点、用目标捕捉方式输入一些特殊点、通过跟踪得到一些点。

2. AutoCAD 的基本操作。

（1）绘图环境的设置。

（2）常用绘图命令包括绘制直线、参照线、多线、多段线、多边形、矩形、圆弧、圆、样条曲线、椭圆、点、图案填充等。

（3）常用的修改命令。

（4）图形编辑的使用方法。

（5）尺寸标注的使用方法。

练习题

1. 在 AutoCAD 2021 中可以通过哪几种方法新建一个文件？

2. AutoCAD 2021 的用户界面由哪几部分组成，它们的主要功能是什么？

3. 如何创建标注样式？

4. 可以通过哪几种方法绘制圆和圆弧？

5. 若在使用"镜像"命令时，将文字也镜像了，如何操作才能将文字正过来？

6. "平移"命令和"缩放"命令的区别是什么？

7. 建立绘图环境一般包括哪几方面内容？

参 考 文 献

［1］大连理工大学工程图学教研室. 机械制图［M］. 北京：高等教育出版社，2013.

［2］何铭新，钱可强，徐祖茂. 机械制图［M］. 7 版. 北京：高等教育出版社，2016.

［3］张京英，张辉，焦永和. 机械制图［M］. 4 版. 北京：北京理工大学出版社，2017.

［4］胡建生. 机械制图［M］. 北京：机械工业出版社，2019.

［5］胡建生. 工程制图［M］. 6 版. 北京：机械工业出版社，2018.

［6］丁一，陈家能. 机械制图［M］. 2 版. 重庆：重庆大学出版社，2012.

［7］徐冬，李明，周烨. 机械工程图学［M］. 北京：机械工业出版社，2018.